学术引领系列

国家科学思想库

中国学科发展战略

冰冻圈科学

国家自然科学基金委员会
中国科学院

科学出版社
北京

图书在版编目（CIP）数据

冰冻圈科学 / 国家自然科学基金委员会，中国科学院编. —北京：科学出版社，2018.6

（中国学科发展战略）

ISBN 978-7-03-056692-8

Ⅰ. ①冰… Ⅱ. ①国… ②中… Ⅲ. ①冰川学-学科发展-发展战略-中国 Ⅳ. ①P343.6-12

中国版本图书馆 CIP 数据核字（2018）第042040号

丛书策划：侯俊琳 牛 玲

责任编辑：张 莉 刘巧巧 / 责任校对：邹慧卿

责任印制：徐晓晨 / 封面设计：黄华斌 陈 敬

联系电话：010-64035853

E-mail: houjunlin@mail.sciencep.com

科学出版社出版

北京东黄城根北街 16 号

邮政编码：100717

http://www.sciencep.com

北京虎彩文化传播有限公司印刷

科学出版社发行 各地新华书店经销

*

2018年6月第 一 版 开本：720 × 1000 1/16

2019年4月第三次印刷 印张：13 3/4

字数：240 000

定价：78.00元

（如有印装质量问题，我社负责调换）

中国学科发展战略

联合领导小组

组　　长：陈宜瑜　张　涛

副 组 长：秦大河　姚建年

成　　员：王恩哥　朱道本　傅伯杰　李树深　杨　卫
武维华　曹效业　李　婷　苏荣辉　高瑞平
王常锐　韩　宇　郑永和　孟庆国　陈拥军
杜生明　柴育成　黎　明　秦玉文　李一军
董尔丹

联合工作组

组　　长：李　婷　郑永和

成　　员：龚　旭　孟庆峰　吴善超　李铭禄　董　超
孙　粒　苏荣辉　王振宇　钱莹洁　薛　淮
冯　霞　赵剑峰

中国学科发展战略·冰冻圈科学

项　目　组

主　　编：秦大河

副 主 编：姚檀栋　丁永建　任贾文

编委会成员（以姓氏汉语拼音为序）：

陈仁升　丁永建　方一平　康世昌　李志军
刘时银　罗　勇　马丽娟　秦大河　任贾文
王根绪　王宁练　王世金　温家洪　吴青柏
效存德　杨建平　姚檀栋　宜树华　张廷军

秘 书 组：马丽娟　王世金　王文华

特邀专家（以姓氏汉语拼音为序）：

陈发虎　崔　鹏　傅伯杰　何大明　赖远明
李新荣　秦为稼　申倚敏　史培军　孙　波
宋长青　张人禾　赵进平

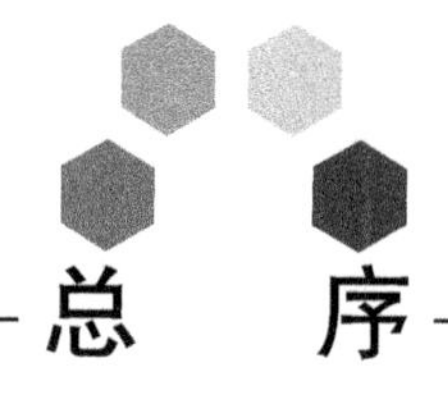

总 序

白春礼 杨 卫

17世纪的科学革命使科学从普适的自然哲学走向分科深入，如今已发展成为一幅由众多彼此独立又相互关联的学科汇就的壮丽画卷。在人类不断深化对自然认识的过程中，学科不仅仅是现代社会中科学知识的组成单元，同时也逐渐成为人类认知活动的组织分工，决定了知识生产的社会形态特征，推动和促进了科学技术和各种学术形态的蓬勃发展。从历史上看，学科的发展体现了知识生产及其传播、传承的过程，学科之间的相互交叉、融合与分化成为科学发展的重要特征。只有了解各学科演变的基本规律，完善学科布局，促进学科协调发展，才能推进科学的整体发展，形成促进前沿科学突破的科研布局和创新环境。

我国引入近代科学后几经曲折，及至上世纪初开始逐步同西方科学接轨，建立了以学科教育与学科科研互为支撑的学科体系。新中国建立后，逐步形成完整的学科体系，为国家科学技术进步和经济社会发展提供了大量优秀人才，部分学科已进入世界前列，有的学科取得了令世界瞩目的突出成就。当前，我国正处在从科学大国向科学强国转变的关键时期，经济发展新常态下要求科学技术为国家经济增长提供更强劲的动力，创新成为引领我国经济发展的新引擎。与此同时，改革开放30多年来，特别是21世纪以来，我国迅猛发展的科学事业蓄积了巨大的内能，不仅重大创新成果源源不断产生，而且一些学科正在孕育新的生长点，有可能引领世界学科发展的新方向。因此，开展学科发展战略研究是提高我国自主创新能力、实现我国科学由“跟跑者”向“并行者”和“领跑者”转变的一项基础工程，对于更好把握世界科技创新发展趋势，发挥科技创新在全面创新中的引领作用，具有重要的现实意义。

学科发展战略研究的核心是结合科学技术和经济社会的发展需求，在分析科学前沿发展趋势的基础上，寻找新的学科生长点和方向。在这个过程中，战略科学家的前瞻引领作用十分重要。科学史上这样的例子比比皆是。在 1900 年 8 月巴黎国际数学家代表大会上，德国数学家戴维·希尔伯特发表了题为“数学问题”的著名讲演，他根据过去特别是 19 世纪数学研究的成果和发展趋势，提出了 23 个最重要的数学问题，即“希尔伯特问题”。这些“问题”后来成为许多数学家力图攻克的难关，对现代数学的研究和发展产生了深刻的影响。1959 年 12 月，美国物理学家、诺贝尔奖得主理查德·费曼在加利福尼亚理工学院举行的美国物理学会年会上发表了题为“物质底层大有空间——一张进入物理新领域的请柬”的经典讲话，对后来出现的纳米技术作出了天才的预见。

学科生长点并不完全等同于科学前沿，其产生和形成不仅取决于科学前沿的成果，还决定于社会生产和科学发展的需要。1841 年，佩利戈特用钾还原四氯化铀，成功地获得了金属铀，可在很长一段时间并未能发展成为学科生长点。直到 1939 年，哈恩和斯特拉斯曼发现了铀的核裂变现象后，人们认识到它有可能成为巨大的能源，这才形成了以铀为主要对象的核燃料科学的学科生长点。而基本粒子物理学作为一门理论性很强的学科，它的新生长点之所以能不断形成，不仅在于它有揭示物质的深层结构秘密的作用，而且在于其成果有助于认识宇宙的起源和演化。上述事实说明，科学在从理论到应用又从应用到理论的转化过程中，会有新的学科生长点不断地产生和形成。

不同学科交叉集成，特别是理论研究与实验科学相结合，往往也是新的学科生长点的重要来源。新的实验方法和实验手段的发明，大科学装置的建立，如离子加速器、中子反应堆、核磁共振仪等技术方法，都促进了相对独立的新学科的形成。自 20 世纪 80 年代以来，具有费曼 1959 年所预见的性能、微观表征和操纵技术的仪器——扫描隧道显微镜和原子力显微镜终于相继问世，为纳米结构的测量和操纵提供了“眼睛”和“手指”，使得人类能更进一步认识纳米世界，极大地推动了纳米技术的发展。

作为国家科学思想库，中国科学院（以下简称中科院）学部的基本职责和优势是为国家科学选择和优化布局重大科学技术发展方向提供科学依据、发挥学术引领作用，国家自然科学基金委员会（以下简称基金委）则承担着协调学科发展、夯实学科基础、促进学科交叉、加强学科建设的重大责任。继基金委和中科院于2012年成功地联合发布“未来10年中国学科发展战略研究”报告之后，双方签署了共同开展学科发展战略研究的长期合作协议，通过联合开展学科发展战略研究的长效机制，共建共享国家科学思想库的研究咨询能力，切实担当起服务国家科学领域决策咨询的核心作用。

基金委和中科院共同组织的学科发展战略研究既分析相关学科领域的发展趋势与应用前景，又提出与学科发展相关的人才队伍布局、环境条件建设、资助机制创新等方面的政策建议，还针对某一类学科发展所面临的共性政策问题，开展专题学科战略与政策研究。自2012年开始，平均每年部署10项左右学科发展战略研究项目，其中既有传统学科中的新生长点或交叉学科，如物理学中的软凝聚态物理、化学中的能源化学、生物学中生命组学等，也有面向具有重大应用背景的新兴战略研究领域，如再生医学、冰冻圈科学、高功率、高光束质量半导体激光发展战略研究等，还有以具体学科为例开展的关于依托重大科学设施与平台发展的学科政策研究。

学科发展战略研究工作沿袭了由中科院院士牵头的方式，并凝聚相关领域专家学者共同开展研究。他们秉承“知行合一”的理念，将深刻的洞察力和严谨的工作作风结合起来，潜心研究，求真唯实，“知之真切笃实处即是行，行之明觉精察处即是知”。他们精益求精，“止于至善”，“皆当至于至善之地而不迁”，力求尽善尽美，以获取最大的集体智慧。他们在中国基础研究从与发达国家“总量并行”到“贡献并行”再到“源头并行”的升级发展过程中，脚踏实地，拾级而上，纵观全局，极目迥望。他们站在巨人肩上，立于科学前沿，为中国乃至世界的学科发展指出可能的生长点和新方向。

各学科发展战略研究组从学科的科学意义与战略价值、发展规律和研究特点、发展现状与发展态势、未来5～10年学科发展的关键科学问题、发展思路、发展目标和重要研究方向、学科发展的有效资助机制与政策建议等方面进行分析阐述。既强调学科生长点的科学意义，也考虑其重要的社会价值；既着眼于学科生长点的前沿性，也兼顾其可能利用的资源和条件；既立足于国内的现状，又注重基础研究的国际化趋势；既肯定已取得的成绩，又不回避发展中面临的困难和问题。主要研究成果以“国家自然科学基金委员会—中国科学院学科发展战略”丛书的形式，纳入“国家科学思想库—学术引领系列”陆续出版。

基金委和中科院在学科发展战略研究方面的合作是一项长期的任务。在报告付梓之际，我们衷心地感谢为学科发展战略研究付出心血的院士、专家，还要感谢在咨询、审读和支撑方面做出贡献的同志，也要感谢科学出版社在编辑出版工作中付出的辛苦劳动，更要感谢基金委和中科院学科发展战略研究联合工作组各位成员的辛勤工作。我们诚挚希望更多的院士、专家能够加入到学科发展战略研究的行列中来，搭建我国科技规划和科技政策咨询平台，为推动促进我国学科均衡、协调、可持续发展发挥更大的积极作用。

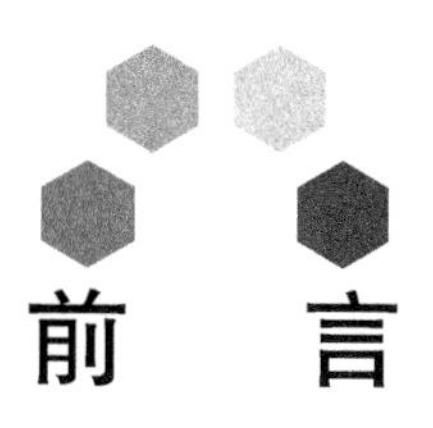

前 言

20世纪中期以来，随着全球变暖趋势的加快加强，环境保护、生态保育、应对气候变化、实现可持续发展转型被提上议事日程，中国政府提出了树立尊重自然、顺应自然、保护自然的生态文明理念，以实现中华民族永续发展、造福全人类、保护地球的伟大目标。国家自然科学基金委员会与中国科学院学部联合部署项目——“冰冻圈科学发展战略”，就是针对特殊自然和人文地理环境，从战略的高度超前部署的学科发展战略研究。

冰冻圈是指地球表层连续分布且具一定厚度的负温圈层。冰冻圈与大气圈、水圈、岩石圈（表层）、生物圈和人类圈相互作用，通过水分、热量、动量和物质交换，促进了气候系统乃至地球系统各圈层之间的联动，在经济社会和可持续发展中扮演着重要角色。其中，冰川、冻土、积雪、海冰等冰冻圈组成要素的变化已经成为全球关注的热点，而冰冻圈与其他圈层相互作用，以及对经济社会可持续发展的影响更是科学家越来越感兴趣的问题，也是人类社会发展不可忽视的重大科学问题。在半个多世纪几代科学家拼搏的基础上，中国科学家不失时机地把握环境科学发展国际趋势，在国际上率先提出了冰冻圈科学的理念和科学内涵，推动了冰冻圈科学体系的初步形成，使其在短期内得以快速发展。冰冻圈科学的核心理念是将自然科学和社会发展密切结合，为经济社会可持续发展服务。

综观十几年来国内外发展态势，冰冻圈科学在冰冻圈动态过程及其影响因素，冰冻圈变化对天气气候、水文水资源、生态系统等的影响与适应研究等方面做了大量研究，进展显著。在深化认识冰冻圈形成、演化机理和过程的同时，更关注与其他圈层的相互作用，以及这种相互作用过程中的冰冻圈效应，研究方向也由以往的基础研究向当前的应用研究拓展。由于对气候变化高度敏感及反馈作用突出，冰冻圈成为气候系统最活跃的圈层，也是全球变化与可持续发展研究的热点之一。2007 年，国际大地测量学和地球物理学联合会（IUGG）大会决定设立国际冰冻圈科学协会（IACS），这是该联合会成立 80 多年来，首次增加的一级学会，使以前单纯的雪、冰研究从三级学科跃升到一级学科，成为一门将冰冻圈与气候系统其他圈层和社会经济与可持续发展等多圈层紧密结合、多学科有机融合的新兴交叉学科。

近年来，冰冻圈与其他圈层的互馈联系研究不断深入，建模和预估未来变化的研究水平不断提高；冰冻圈与寒区工程建设、资源开发、防灾减灾、冰冻圈变化影响评估、未来风险防范，以及冰冻圈服务功能的开发利用和制图等许多方面，都受到格外重视。目前，冰冻圈科学在研究范畴、内容、技术手段等方面都发生着迅猛变化。然而，学界内部、社会公众和管理层对冰冻圈科学的新发展和未来趋势并未有充分的了解，高等院校也缺乏适应新需求的师资培养，研究队伍亟待加强。为此，我们开展战略研究，对冰冻圈科学的学科体系、组成架构、未来布局、重点研究内容等进行了梳理，既有详细、系统的论述，也有战略规划，希望能达到促进冰冻圈科学健康发展的目的。

本项目组专家经过反复研讨，总结了冰冻圈科学的学科特点和科学意义，梳理了从冰冻圈到冰冻圈科学的发展历程，追踪了冰冻圈科学研究的国际热点及最新态势，总结了冰冻圈科学前期的研究成果。本书围绕学科特点、国际前沿及社会需求，布局和谋划了未来 5～10 年冰冻圈科学的总体研究思路和发展方向。基于冰冻圈科学的核心主线，并结合当前国际相关科学发展态势，本书从“冰冻圈物理和化学过程”“冰冻圈与气候模拟”“冰冻圈与生物地球化学循环”“冰冻圈与水文水资源”“冰冻圈与地表环境”“冰冻圈与重大工程”“冰冻圈与可持续发展”七个方面开展了系统性战略研究，不仅涉及冰冻圈自身的机理过程和变化规律，而且更多地关注了冰冻圈与气候、生态、水文、地表环境及可持续发展的关系。立足现状，厘清问题，规划未来，如能付诸实施，将有助于中国科学家在国际冰冻圈科学体系化建设和引领其未来发挥作用。

此前，本项目组专家在国家自然科学基金委员会和中国科学院有关项目支持之下，已经出版了《英汉冰冻圈科学词汇》和《冰冻圈科学辞典》，完成了《冰冻圈科学概论》的编纂工作，这是冰冻圈科学的奠基性工作，也是本书写作的基础。今后，随着全球变暖的进一步加剧，冰冻圈变化的影响范围和程度的日益增加，新技术、新方法、新思路的不断涌现，一些不可预见的科学问题和研究方向也会提到议事日程上。为保持中国冰冻圈科学研究在国际上领跑的态势，考虑到制约发展的政策和措施，项目组从能力建设、队伍建设、平台建设、国际合作政策、组织保障等方面，提出了学科发展的有效资助机制与政策建议。

本项目于2016年1月启动，撰写人员来自中国科学院西北生态环境资源研究院（筹）、中国科学院成都山地灾害与环境研究所、中国科学院青藏高原研究所、清华大学、兰州大学、大连理工大学、西北大学、云南大学、上海师范大学等单位的18名专家，分别于2015年12月20～21日、2016年5月14～15日、2016年7月4～6日、8月27～29日、10月18～20日和2017年4月17～20日召开了6次全体成员会议，另有4次小型专题讨论会。在此期间，还邀请了不同领域的专家进行了咨询与研讨，于2017年4月底基本定稿，2017年8月又进行了小范围最后审稿。本书的主要撰稿人如下：第一章秦大河、姚檀栋、王世金，第二章任贾文、张廷军，第三章罗勇、效存德，第四章王根绪、宜树华，第五章丁永建、陈仁升，第六章王宁练、刘时银、姚檀栋，第七章吴青柏、李志军，第八章方一平、杨建平、王世金、温家洪，第九章康世昌、温家洪。

在本项目执行过程中，国家自然科学基金委员会与中国科学院学部工作局给予了大力支持，并得到云南大学、大连理工大学、上海气象局和依托单位中国科学院西北生态环境资源研究院（筹）等单位的支持。本书出版得到了国家自然科学基金委员会与中国科学院学部联合部署项目（L1524012/2015DXC01）、国家自然科学基金创新研究群体项目（41421061）、国家自然科学基金重大项目（41690140）、国家重大科学研究计划项目（2013CBA01800）、冰冻圈科学国家重点实验室自主课题（SKLCS-ZZ-2017）的共同资助，在此一并表示衷心感谢。

一个新学科的成长，需要各方面的支持和关怀。鉴于撰写专家的知识和学术水平有限，加之冰冻圈科学的大跨度学科交叉特色，本书内容难免存在不足之处，诚恳希望广大读者关心和支持，不吝批评、斧正，则不胜感激。

秦大河

中国科学院院士、中国科学院学术委员会主任

2018 年 1 月 30 日

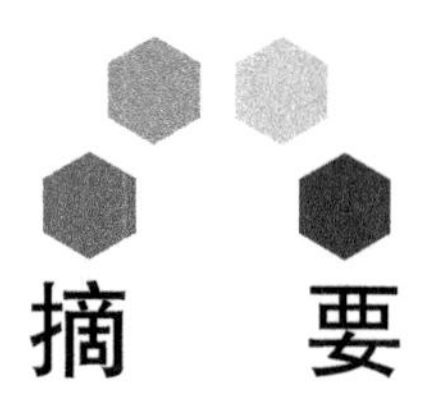

摘　要

冰冻圈是地球表层连续分布并具有一定厚度的负温圈层，是气候系统五大圈层之一，与气候系统其他圈层和人类圈相互作用，在全球变化研究中扮演着重要角色，为人类社会经济发展和向可持续发展转型做贡献。进入21世纪，冰冻圈科学已发展成为地球与环境科学和社会经济学交叉的新兴学科。在全球气候变暖的形势下，为促进学科发展，适应和满足社会需求，亟须系统梳理和总结冰冻圈科学的前期研究成果，把握前进方向，提出未来一段时间内的学科发展思路。为此，本书围绕冰冻圈科学体系，明晰了冰冻圈科学的学科特点和规律，系统总结了过去几十年冰冻圈科学研究的发展趋势，提出了未来5～10年中国冰冻圈科学拟重点关注的研究方向和关键科学问题，并就为推动、创新、发展冰冻圈科学提出了相应的资助机制和政策建议。

本书共包括九章。第一章明晰了冰冻圈组成要素、分类和时空尺度，界定了冰冻圈的科学内涵和范畴，归纳了冰冻圈科学的发展与学科特点，对近10年（2008～2017年）美国国家科学基金会和国家自然科学基金对冰冻圈科学学科领域的资助项目情况进行了对比分析。在此基础上，提出了未来5～10年中国冰冻圈科学研究的若干重要研究领域。

第二章深入研究冰冻圈物理和化学过程，对冰冻圈各种物理和化学特征进行定量刻画，同时提出要继续加强冰冻圈物理和化学过程监测，着力发展各种相关物理化学过程的模式研究，为提高冰冻圈模拟研究水平奠定基础。

第三章在系统梳理冰冻圈在全球和区域气候系统中的重要作用

及冰冻圈分量模式在国内外发展趋势的基础上，提出未来10年应重点突破冰冻圈在气候系统模式中的精细化描述，冰冻圈要素对气候变化响应的定量化研究的总目标。建议通过加强不同时空尺度气候系统与冰冻圈的相互作用与反馈研究、冰冻圈快速变化对气候系统影响的定量辨识研究，在耦合模式与同化系统研发、海平面效应、北极放大器及其气候效应，以及冰冻圈变化对极端天气气候事件、季风与长期气候变化影响等方面深化研究。

第四章系统解析了冰冻圈与生物圈相互作用关系及其对生物地球化学循环的驱动机理，准确识别了冰冻圈生物地球化学循环变化的气候及环境反馈影响，提出未来冰冻圈生物地球化学循环应在生态系统响应冰冻圈变化的中长期综合观测与多源数据集成研究、积雪与冻土变化对陆地生物地球化学过程的影响与驱动机制、冰冻圈生物地球化学循环机理模型与未来变化趋势预估、冰冻圈有机污染物/痕量化学物质变化的环境指示与安全风险、冰冻圈变化对海洋碳氮磷循环的影响几方面作为优先研究方向。

第五章围绕深化对宏观尺度（全球、区域）冰冻圈水循环过程及其影响的科学认识，精细化流域冰冻圈水文过程研究及定量、动态评估冰冻圈水资源影响的科学目标，针对不同冰冻圈水文要素的水文水资源效应和时空尺度与耦合两大关键科学问题，未来应重点开展冰川动力与水文过程的耦合机制、冻土水文过程及效应、雪水文过程的尺度效应及其水资源影响、海冰水文过程、流域冰冻圈全要素水文过程及其模拟与水资源影响评估和不同冰冻圈水文要素在大洋环流中的作用及其尺度问题等方向的研究。

第六章着重介绍与冰冻圈相关的地表过程，未来亟须开展全球气候变化背景下冰冻圈变化对灾害的形成机理及其变化趋势研究、冰冻圈地貌过程的定量化研究。同时，应优先考虑寒区地表化学风化、冰川消融、海平面上升与海岸带过程、冻土退化与地表环境、冰冻圈灾害等研究方向。

第七章提出冰冻圈重大工程应以气候变化、冰冻圈变化与灾害、重大工程相互作用为纽带，以强化重大工程监测网络和工程安全保障技术与预警系统研发为核心技术，针对冰冻圈环境变化与重大工程的互馈关系、冰冻圈重大工程的致灾机理及其环境效应、重大工程服役性和可靠性评价三大关键科学问题，未来应重点开展冰冻圈作用区重大工程的灾害和环境效应及风险评估、冰冻圈与重大工程的热力作用机制及其反馈效应、冰冻圈作用区重大工程安全与保障关键技术等方向的研究。

第八章系统总结以往冰冻圈与可持续发展方面的研究成果，认为冰冻圈科学已由单一自然学科转向自然–人文学科综合，由定性描述和指标评估转向模型精细刻画，由关注灾害转向灾害风险效应和服务功能并重，由典型流域和关键地区转向典型区、国家和全球冰冻圈并重，由注重学术价值转向学术价值和国家战略服务并重迈进，未来应该构建和完善冰冻圈与社会经济耦合模型，量化冰冻圈变化对社会经济的影响，提出冰冻圈变化风险的适应途径与措施。同时，需要确定冰冻圈可利用的资源形态，量化冰冻圈服务功能及其价值，揭示冰冻圈变化与国际地缘关系，开发应对方案与适应战略。

近 10 年来，我国冰冻圈科学发展迅速，建立了冰冻圈科学体系，在冰冻圈的形成、机理和变化、冰冻圈与其他圈层的相互作用、冰冻圈变化的影响与经济社会可持续发展方面开展了系统的研究工作，在亚洲山地冰川、多年冻土和积雪研究方面取得了诸多原创性的成果。然而，与冰冻圈科学发展靠前的国家相比，我国在诸多领域仍存在差距，特别是在极地冰冻圈研究方面差距较大。为确保中国在冰冻圈科学的优势领域，弥补不足及相对落后的研究方向，第九章结合制约本学科发展的关键政策和措施问题，从能力建设、人才队伍建设、平台与监测能力建设、国际合作政策、组织保障等方面出发，提出学科发展的有效资助机制与政策建议，特别是提出通过学科交叉、人才培养、国际合作、平台设施建设等综合途径推动学科发展的政策建议。

Abstract

The joint leading group of the Natural Science Foundation of China (NSFC) and the Chinese Academy of Sciences (CAS) organizes and develops a series of national scientific strategies for next 5 to 10 years in China, of which the strategy for cryospheric science has been proposed in this book. The cryosphere is a continuous sphere of the near Earth's surface with temperature at or below the freezing point. It is one of the five spheres, i.e., atmosphere, biosphere, hydrosphere, lithosphere and cryosphere, in climate system. The cryosphere plays a key role in global change because of its closely interactions with the other spheres in climate system and with human beings. Since the turn of the 21st century, cryospheric science has been developed into a new multi-disciplinary subject of earth and environmental sciences and closely interacted with social-economic sciences. In order to promote the development of the scientific discipline and to meet the societal requirements in a warming world, cryospheric science is desperately needed to reorganize and systematically summarize the most up-to-date knowledge, providing an overall strategy for advancements in the near future. Thus, this report comprehensively illustrates scientific achievements of the cryospheric science system over the past several decades. It raises key scientific questions and recommends directions for cryospheric science in China over the next 5 to 10 years. Meanwhile, this book offers recommendations for the corresponding funding mechanisms and policies to government agencies for promoting and advancing cryospheric science.

This book consists of nine chapters. Chapter 1 firstly illustrates cryospheric elements, classification, and spatial-temporal extent. It defines the connotation and scope of cryospheric science and further summarizes the history and characteristics of cryospheric science. This chapter also analyzes the funding status for cryospheric science from the United States National Science Foundation (NSF) and the NSFC over 2008–2017 period. Finally, the chapter provides several key scientific research areas for cryospheric science in China.

Chapter 2 focuses on studies of cryospheric physical and chemical processes and quantitatively describes their characteristics. It further emphasizes to enhance field and laboratory studies of cryospheric physical and chemical processes, as well as their modeling approaches.

Based on important roles of cryosphere in regional and global climate system and developments of national and international cryopsheric models, Chapter 3 proposes that the overall goal for cryospheric modeling effort is to precise describe cryopsheric processes in climate models and provide quantitative response of cryospheric elements to climate change over the next 10 years. It is suggested to further enhance investigations on the interactions and feedbacks between cryosphere and climate system at various spatial and temporal scales and on the quantitatively understanding of the impacts of rapid cryosphere change to climate system. With this background, key research areas, but not limited to, are the coupled modeling and data assimilation, sea level effect, Arctic amplification and its climate impacts, and the influence of cryosphere change on extreme weather and climate events, the monsoon and long-term climate change.

Chapter 4 systematically resolves the interactions between the cryosphere and the biosphere, the cryospheric driving mechanisms in biogcochemical cycle, and the climate impacts and environmental feedbacks of cryospheric biogeochemical cycle change. It recommends that the future studies on cryospheric biogeochemical cycle should include the "mid to long-term observational and multi-source data integration studies on response of ecosystems to cryospheric change" "impacts and driving mechanisms of the response of terrestrial biogeochemical processes to changes in snow cover and frozen ground" "models of cryospheric biogeochemical cycles and projections for future changes" "environmental indicators and health security of cryospheric organic pollutants and trace chemical elements change" "influence of cryospheric change on oceanic carbon, nitrogen and phosphorus" .

Cryospheric science is the study of ice as solid water. Chapter 5 mainly focuses on subjects related with cryosphere, hydrological processes and water resources, physical understanding of macroscale (global and regional scales) cryospheric water cycle processes and their impacts. The overarching scientific objective is to accurately describe cryospheric hydrologic processes within a drainage basin and quantitatively assess the impacts of cryospheric water resources on local and regional social-economic developments. The two key scientific questions are the effect of water resources from different cryospheric elements and the coupling of different spatial and temporal scales. With this background, key research areas are the coupling of glacial dynamics with hydrologic processes, frozen ground hydrologic processes and their impacts, snow hydrology at various scales and its impacts on water resources, hydrologic processes of sea ice, cryospheric hydrologic processes within a drainage basin and its modeling, assessment of water resource impacts on local and regional social-economic developments, the roles of different cryospheric hydrologic element in oceanic currents, and the scale issues in cryospheric hydrologic process studies.

Chapter 6 mainly introduces studies on land surface processes over cryospheric regions. Under the global warming scenarios, the key research subjects are the formation mechanisms of natural hazards, quantitatively investigation of cryospheric geomorphological processes, especially focusing on physical and chemical weathering in cryospheric regions, glacial ablation, sea level rise and coastal erosion processes, permafrost degradation and periglacial processes, and cryospheric hazards.

Engineering impacts of cryospheric change in a warming world are directly linked with human activities and social-economic development, which are covered in Chapter 7. Engineering constructions and projects in cryospheric regions are directly linked with climate change, cryospheric change and its induced hazards. The key issue is to further develop and enhance the monitoring network for giant engineering projects, the engineering supports, and the early warning system in cryospheric regions. The overarching scientific questions are to investigate (i) the mutual feedback relationship between cryospheric environments and giant engineering projects, (ii) the hazard-induced mechanisms and its environmental effects, (iii) the evaluation of giant project service and reliability. With these requirements, the major research should focus on (i) the giant engineering projects hazards, environmental effects, and the risk assessment; (ii) the thermal interactions of giant engineering projects with cryosphere and its feedbacks; and (iii) key technologies for the safety of giant engineering projects in cryospheric regions.

Chapter 8 systematically summarizes the most up-to-date knowledge on cryosphere and sustainable developments in the past several decades. It proposes for future research to mainly focus on model development coupling cryosphere with social-economy, quantitatively understand the effect of cryospheric change on social economy and human beings, and provide the measure and adaptation due to the risk from cryospheric change. Meanwhile, research should quantitatively improve to comprehend the available cryospheric resources, the cryospheric service function and its value, the cryospheric change and geopolitics, and the response options and adaptation strategies for development of cryospheric resources.

There has been a rapid progress in cryosphere science over the past 10 years in China. Cryosphere science system has been established with significant advancements in knowledge on the cryosphere formation, mechanisms and changes, the interactions between the cryosphere and the other spheres in climate system, the impact of cryospheric change on social-economic sustainable developments. China has made substantial unique and original research and obtained the most up-to-date knowledge on alpine glaciers, permafrost and snow cover over the Qinghai-Tibetan Plateau and Asian continent as large. However, from the global perspective, China has not widely involved in research on the Arctic and Antarctic cryosphere as it should be. In order to ensure the cryosphere science in China to have the cutting edge and global involvement, Chapter 9 firstly recognizes the key policy issues and shortcomings in certain research directions and regions for future investigation. Then, it proposes effective funding mechanisms and policy suggestions on advancements of cryosphere science globally for government agencies. These policy suggestions include, but not limited to, the multi-disciplinary approaches, the training of young scientists, the team building at various research institutions and universities, and the platform establishments for scientific and technological innovation.

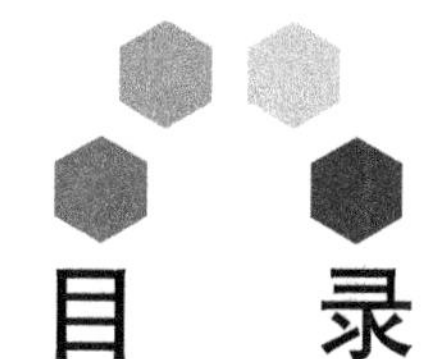

目 录

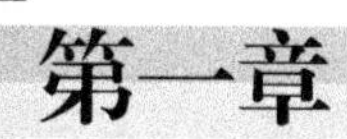

第一章 学科特点及科学意义

冰冻圈是地球表层连续分布并具有一定厚度的负温圈层，是气候系统五大圈层之一，与气候系统其他圈层和人类圈相互作用，在全球变化研究中扮演着重要角色，为人类社会经济发展和向可持续发展转型做出了贡献。进入21世纪，冰冻圈科学已发展成为地球与环境科学和社会经济学交叉的新兴学科。在全球变暖的形势下，为促进学科发展，适应和满足社会需求，冰冻圈科学需要系统梳理和总结前期研究成果，把握前进方向，提出未来一段时间内的学科发展思路。

第一节 学科特点

一、冰冻圈组成要素、分类和时空尺度

冰冻圈是指地球表层连续分布且具一定厚度的负温圈层，亦称冰雪圈、冰圈或冷圈。冰冻圈内的水体应处于自然冻结状态。冰冻圈在大气圈内位于0℃线高度以上的对流层和平流层内，在岩石圈内是从地面向下一定深度（数十米至上千米）的负温表层岩土。“冰冻圈”的英文为cryosphere，源自希腊文的kryos，含义是“冰冷”。在中国，由于冰川、冻土和积雪的作用、价值和影响，以及冰川学和冻土学在中国发展过程中相辅相成的历史渊源，学界习惯将cryosphere称为“冰冻圈”。中国科学家根据冰冻圈要素形成发育的动力、热力条件和地理分布，将冰冻圈划分为陆地冰冻圈（continental cryosphere），包括冰川（含冰盖和冰帽）、冻土（包括多年冻土、季节冻土、地下冰）、河冰和湖冰、积雪；海洋冰冻圈（marine cryosphere），包括冰架、冰山、海冰和海底多年冻土；大气冰冻圈（aerial cryosphere），包括大气对流层和平流层内的冻结水体。大气冰冻圈也属于气象学范畴。地球上高海拔或中高纬度地区是冰冻圈发育的主要地带。

据联合国政府间气候变化专门委员会（IPCC）第五次评估报告统计，陆地冰冻圈占全球陆地面积的52.0%～55.0%。其中，现代冰川和南极冰盖、格陵兰冰盖覆盖了全球陆地表面的10%；积雪范围为1.3%～30.6%。其中，北半球冬季积雪的面积可达4600万km^2；多年冻土区为9%～12%，季节冻土（包含多年冻土活动层）为33%；从多年平均值看，5.3%～7.3%的海洋表面被海冰和冰架覆盖；北冰洋海冰最大范围可达到1500万km^2左右，最小约为600万km^2；南大洋海冰范围9月最大时约为1800万km^2，2月仅为300万km^2。南极冰盖外缘的诸多冰架，面积约1617万km^2，占海洋面积的0.45%。海底多年冻土约占海洋总面积的0.8%。大气圈内水体含量很低，总量为11.4万t。

冰冻圈各组成要素的空间尺度差别很大。陆地冰冻圈以冻土、南极冰盖、格陵兰冰盖的面积，以及积雪的范围尺度最大，山地冰川、河冰、湖冰为小。海洋冰冻圈内，海冰分布范围最大。大气冰冻圈在空间上为一个连续的椭球体。在时间尺度上，冰冻圈各要素的生存时间即寿命长短不一，从几分钟、数天到数年乃至百万年不等；在表现形式上，冰冻圈千差万别，从雪花、海冰到冰川、冻土等，不一而足（图1-1）。

在陆地冰冻圈，冰体从冰川积累区流动到冰川末端消融，所需时间因地形和气候条件不同而异，从几十年到数千年不等，南极冰盖可能达到百万年之久。冻土的分布范围最广，多年冻土的发育和存活时间与极地冰盖大体相当，在气候变暖条件下，在水平方向上由连续多年冻土向不连续多年冻土或季节冻土转化，在垂直方向上表现为活动层厚度增加，多年冻土层厚度从上下两个方向相向减少，季节冻土在空间面积和厚度上减少。河冰、湖冰随着由冬转夏而消失殆尽。积雪随着春去夏来消融，并可形成春汛。

在海洋冰冻圈，海冰随季节而进退，一般生存不超过12个月，但北冰洋有少量多年冰存在。冰架的存活时间长短不一，从几十年到数千年不等。冰盖和冰架在边缘崩解后形成冰山，随洋流和风向漂移、融化、消失，与大气环流、海温、洋流密切相关，其寿命从数月到数百年不等。

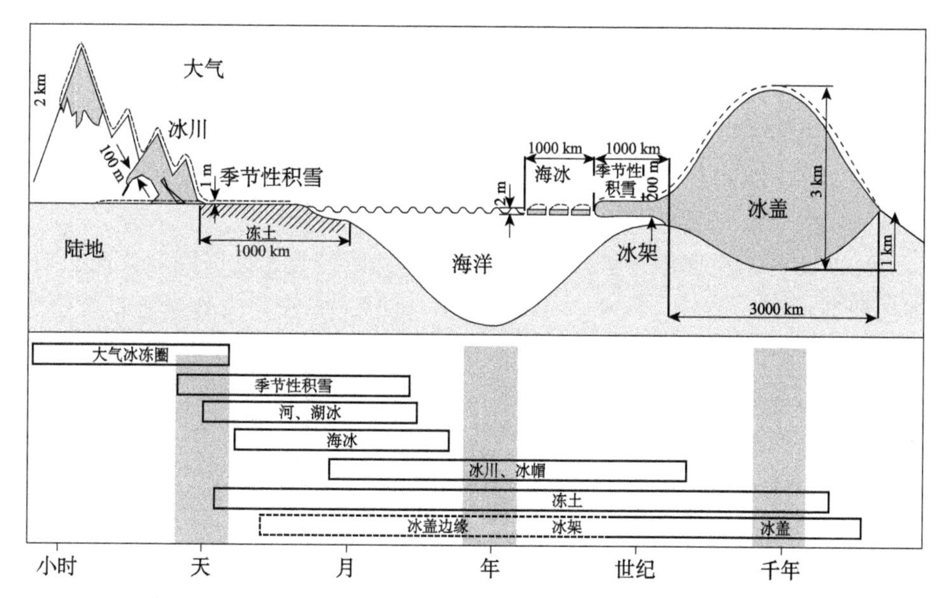

图 1-1　地球冰冻圈分类和时空尺度（据 IPCC 第一工作组第四次评估报告修改）

在大气冰冻圈，冻结状水体的存活时间按日计算，依具体条件而定。

总体上说，地形、洋流和气候条件等决定了冰冻圈各要素的形成、发育、分布和变化，冰冻圈的生存寿命和当前气候变化研究关系密切，是冰冻圈科学的研究内容之一。广义地讲，在地球系统中具有负温且伴有水分发生相变的时空范围内，都是冰冻圈研究的范畴。

二、冰冻圈科学内涵和范畴

冰冻圈科学是研究自然条件下冰冻圈的形成、机理、变化、与其他圈层相互作用及其变化的影响和适应的科学。冰冻圈与大气圈、水圈、岩石圈（表层）、生物圈及人类系统（人类圈）相互作用强烈，通过水分、热量、动量、物质交换，促进气候系统乃至地球系统各圈层之间的相互联系，在人类社会经济发展中扮演着重要角色（秦大河等，2017）。

冰冻圈科学是以冰川（冰盖）、冻土、积雪、河冰、湖冰，以及海冰、冰架、冰山和大气中的固态水体等冰冻圈组成要素为对象，以冰冻圈分支学科和各要素的形成和演化规律为基础，以与其他圈层相互作用和影响为重点，以为社会经济和可持续发展服务为目的的一门新兴交叉科学。其范畴可概括为下列三个方面。

（1）冰冻圈各组成要素的形成、发育、演化过程，以及各要素之间的相互作用，有别于其他圈层的冰冻圈内水热动力过程、生物地球化学循环等。

（2）冰冻圈及其各要素与气候系统其他圈层（大气圈、水圈、岩石圈和生物圈）之间的相互作用、转化和影响。

（3）冰冻圈对经济社会的服务功能和对可持续发展的贡献，可分为全球和区域尺度上冰冻圈变化的适应、减缓和对策分析。

冰冻圈科学主要由冰冻圈动力机制和冰冻圈变化、冰冻圈变化的影响、适应研究等层阶组成。其中，形成过程、机理、变化等内容属于基础研究（或基础性工作）；与各圈层相互作用及其影响属于应用基础研究；冰冻圈服务、适应对策和促进社会经济可持续发展属于应用研究（图 1-2）。

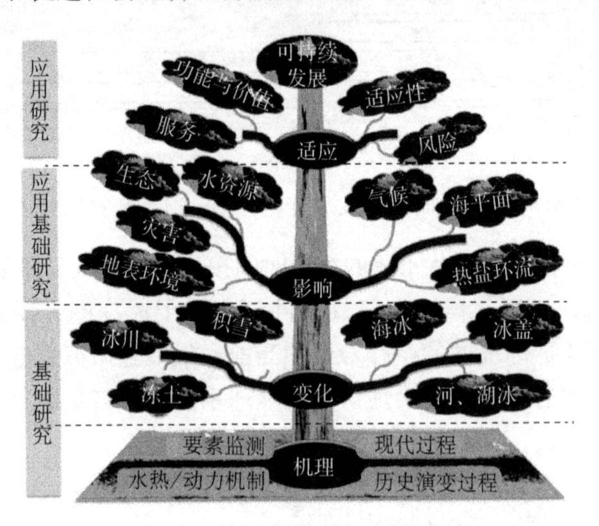

图 1-2　冰冻圈科学的研究构架

冰冻圈科学主要包括四个方面的研究内容。

（1）冰冻圈发育过程和机理。从微观和宏观尺度研究冰冻圈的物理、化学和生物地球化学过程，其中热力、动力机理是重点。通过传统的和现代化的监测手段，如利用地基和遥感监测，获取冰冻圈各要素及其变化的定量数据，通过模型模拟，分析不同时间（日、月、季节、年和年代际）和空间（站点、个体、流域、区域、半球和全球尺度）尺度上的冰冻圈各要素变化过程，揭示其变化机理，为预测未来变化和评估这些变化的影响奠定基础。

（2）冰冻圈变化的影响。冰冻圈组成要素及其变化对自然和人类社会经济系统产生的各种正面和负面作用，可以理解为在气候系统各圈层相互作用过程中冰冻圈所起到的作用，如对气候、生态、水、环境和社会经济的影响。

（3）冰冻圈变化的适应性。通过自然科学和社会科学的交叉融合，分析冰冻圈变化的风险水平、暴露度和脆弱性，结合区域社会经济调查，评价冰冻圈的服务功能及其价值，建立冰冻圈变化适应性的评估方法，提出冰冻圈变化的适应性和相应对策。

（4）地质尺度背景下的冰冻圈演化。通过古冰冻圈地质地貌特征和模型模拟分析，研究冰川、冻土和遗迹等形成、演化、机理及影响；冰冻圈各组成要素的不同介质，不同分辨率的古气候环境记录，如高分辨冰芯记录重建了过去 80 万年古大气内温室气体浓度和其他有关气候、环境和外太空事件的记录等，是冰冻圈科学研究的重要内容。冰冻圈内的古记录还可以反演和验证冰冻圈动力过程，为建模和评价冰冻圈影响区的人地关系服务。

三、冰冻圈科学发展与学科特点

近年来，随着全球变暖趋势的加快、加强，环境保护、生态保育、应对气候变化成为全社会关注的焦点。其中，冰川、冻土、山区、极地等是社会最关注的科学研究对象。20 世纪 80 年代以来，国内外都实施了一批研究计划，学界也多次将冰冻圈科学研究列入国际科学前沿，如冰冻圈变化影响涉及的水资源短缺、海平面变化、天气气候灾害、极端事件、区域发展和政策等热点问题。

（一）冰冻圈科学国际和国内发展态势

1. 国际重大科学计划中的冰冻圈科学

国际地圈-生物圈计划（IGBP）、国际全球环境变化的人文因素计划（IHDP）、世界气候研究计划（WCRP）和国际生物多样性计划（DIVERSITAS）是 1988 年国际科学理事会（ICSU）协调下的全球变化“四大科学计划”。2002 年，“四大科学计划”又合并为“地球系统科学联盟”（Earth System Science Partnership，ESSP）。2014 年，ICSU 和国际社会科学联合会（ISSU）联袂推出“未来地球”（Future Earth，FE）十年科学计划。同时，“四大科学计划”依次将其部分项目按照 FE 的思路整合，报经 FE 科学委员会批准后转为该计划的核心项目。而“四大科学计划”除 WCRP 作为 FE 观察员外，其余全部宣告结束。上述国际热点研究计划中，冰冻圈科学研究也是重要内容。

WCRP 下设的四大主题研究之一——气候与冰冻圈（CliC）计划，是冰冻圈科学最具代表性的国际计划之一。CliC 计划主要针对冰冻圈变化与气候系统的预测，将冰冻圈作为气候重要变量，定量研究冰冻圈各要素的变化过程、冰冻圈与其他圈层相互作用的机理，研究冰冻圈自身和气候系统变化的可预报性。CliC 计划以陆地冰冻圈、海洋冰冻圈、冰冻圈与海平面变化等为主要议题开展研究。

IGBP 中的过去全球变化研究（PAGES）是冰冻圈科学的重要阵地之一，冰芯研究是它的核心子计划。最近出台的国际冰芯研究伙伴计划（IPICS），拟集中攻克几个不同时间尺度上的气候、环境问题，如大于一百万年子计划、四万年子计划、两千年子计划等。中国科学家领衔的 IGBP 综合集成研究计划“冰冻圈变化对亚洲干旱区生态与经济社会的影响”项目，在冰冻圈对区域可持续发展的影响和作用做出了贡献。

IUGG 下属的国际雪冰委员会（ICSI），是国际水文科学协会之下的二级协会。随着对冰冻圈在气候变化中重要性认识的提升，2007 年 7 月，在意大利佩鲁贾举行的 IUGG 第 24 届全会上，ICSI 被升格为“国际冰冻圈科学协会”，成为 IUGG 成立 87 年里唯一增加的一级协会。

2007～2009 年第四次国际极地年期间，全世界有 5 万多名科学家在南极和北极地区完成了 228 项科学研究项目。之后，世界气象组织（WMO）成立了极地和高山观测、研究与服务专家组（EC-PHORS），并于 2015 年 WMO 第十七次世界气象大会上，将其观测、研究和服务纳入 WMO 未来七大核心计划。这些工作都和冰冻圈科学及服务社会经济相关。

区域冰冻圈和环境变化方面的国际计划主要在极地高纬度地区。由中国科学家发起和主导的“第三极环境（TPE）计划”是区域综合研究计划的代表性工作。以青藏高原为核心的 TPE 计划，紧扣“第三极”多圈层相互作用，研究青藏高原及周边地区气候与环境变化的机理，预估区域未来气候和环境变化，为青藏高原及周边地区和国家的可持续发展服务。

2. 冰冻圈科学在中国的发展

中国冰冻圈科学研究始于 20 世纪 20～40 年代初的冰川学研究，成形于 20 世纪 50～60 年代，发展于 20 世纪 80～90 年代。进入 21 世纪，为适应气候变化科学和可持续发展之需求，将冰川、冻土、积雪、海冰等要素及其服务功能集成，提出了冰冻圈科学的理念，使之成为一门新兴交叉学科。

20 世纪 20 年代初，地理学家竺可桢在大学教授“地学通论”时，设立专章讲述冰川，首开传授冰冻圈科学知识之先河。50 年代，西北干旱区农业发展缺水，60 年代修建青藏公路、天山公路和青藏铁路等，国家需求催生了中国冰川学、冻土学和积雪研究。1965 年，中国科学院兰州冰川冻土研究所成立，建立了天山冰川研究站和天山积雪雪崩站。80～90年代是中国冰川、冻土、积雪、海冰研究全面提升和发展阶段。1986年，大连工学院成立了海岸与近海工程国家重点实验室，研究内容包括了海冰。1989年，中国极地研究所、冻土工程国家重点实验室成立。1992建立了冰芯实验室。全球气候变化科学研究不断深入，气候变化的影响、适应日益受到重视，国家需求激增，2003年中国科学院青藏高原研究所成立，2007年4月冰冻圈科学国家重点实验室成立，成为国际上第一个用“冰冻圈科学”命名的研究机构。中国已在南极、北极地区建立了5个科学考察站，研究工作面向全球冰冻圈。2016年9月，中国冰冻圈科学学会（筹）成立，联合了全国学界同人，构筑了合作研究交流平台，促进了学科发展。目前，国内开展与冰冻圈科学相关的研究机构达40余家。2016年起，中国科学院大学等若干高等院校开设了“冰冻圈科学概论”课程。

冰冻圈科学在经历了长期以单一要素“散点式”研究后，开始向以冰冻圈整体开展全球变化研究的转变。在国家自然科学基金委员会、科学技术部、中国科学院、国家海洋局、中国气象局等单位的长期支持下，冰冻圈科学各分支学科早期研究得到了长足发展。2005年之后，科学技术部科技基础性工作专项“中国冰川资源及其变化调查”和“青藏高原冻土本底调查”研究相继启动。2007年，国家重点基础研究发展计划（973计划）“我国冰冻圈动态过程及其对气候、水文和生态的影响机理与适应对策”启动。2010年，973计划“北半球冰冻圈变化及其对气候环境的影响与适应对策”启动。2013年，科学技术部启动了国家重大科学研究计划“冰冻圈变化及其影响研究”项目。2016年1月，国家自然科学基金委员会与中国科学院联合部署项目“冰冻圈科学发展战略”启动。2017年1月，国家自然科学基金重大项目“冰冻圈服务功能形成过程及综合区划”启动，中国科学家以“冰冻圈科学”为主线，在973计划项目、全球变化研究国家重大科学研究计划项目、国家自然科学基金重大项目支持下，将冰冻圈变化、影响和适应研究主线贯穿始终，推动了冰冻圈科学发展。

围绕冰冻圈科学体系，国内相继出版了《祁连山现代冰川考察报告》《中国冰川概论》《中国冻土》《南极冰川学》《中国西部第四纪冰川与环境》《英汉冰冻圈科学词汇》《冰冻圈科学辞典》《冰冻圈科学概论》等一大批基础性研究成果，完善了青藏高原冰冻圈观测研究站等一批野外台站，给中央和地方政府提供了若干政策建议。青藏铁路冻土工程研究获国家科学技术进步奖一等奖，中国第四纪冰川与环境变化研究、青藏高原冰芯高分辨率气候环境记录研究获得国家自然科学奖二等奖。中国科学家从中国冰冻圈走向南极、北极地区，实现了冰冻圈科学研究从区域到全球的转变。同时，研究队伍稳步发展，目前研究机构有四十多个，人数过千，建成了集自然科学与社会经济、可持续发展相交叉的冰冻圈科学体系，标志着中国冰冻圈科学研究进入了新阶段（图 1-3）。

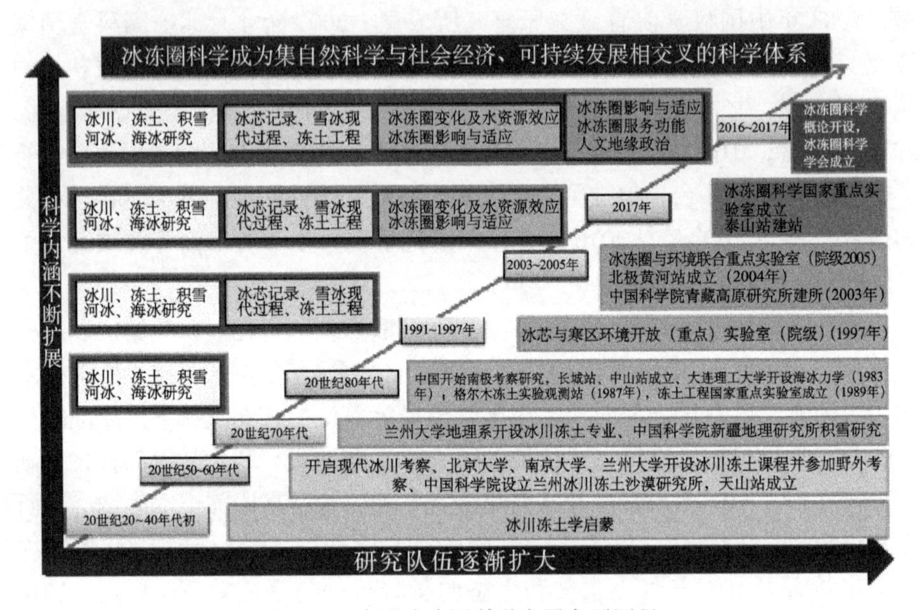

图 1-3　中国冰冻圈科学发展主要历程

（二）冰冻圈学科具有鲜明的综合交叉特点

冰冻圈与气候系统其他圈层及人类圈相互作用，是冰冻圈科学的主要研究内容。冰冻圈的圈层相互作用、影响和适应，以及人类社会经济和可持续发展等内容，把自然科学与社会科学融为一体，将科学与政策联系起来，丰富和发展了冰冻圈科学，也凸显了它的实用价值（图 1-4，图 1-5）。

冰冻圈是气候的产物，也是气候变化的指示器。冰冻圈和大气圈的互馈作用和物理机制是冰冻圈科学关注的重点。冰冻圈内的水体参与地球水循环，影响到海平面、气候、生态、环境的变化和人类社会经济与可持续发展。生物圈和冰冻圈的相互作用则内容丰富、机理复杂。在多年冻土区，生物群落和活动层之间相互影响，冬季积雪的加入，使这一过程更加复杂。在陆地上，冰冻圈变化影响土壤的水热状态，进而影响植被发育；而植被的改变，又会影响冰冻圈的发育环境。对于海洋生态系统，冰冻圈变化影响大洋环流，给海洋带来扰动，引起温度、盐度、营养盐、酸度等变化，直接影响海洋生态系统。冰冻圈各要素中，如雪蚀、寒冻风化、冰川侵蚀堆积、冻融等作用，能力强大，是塑造地貌形态的营力之一，也是地质尺度上地球环境演化的记录。冰冻圈与人类社会发展关系密切，它可以为人类福祉服务，具有如水资源供给、生态服务等致利功能；也可能带来灾害，如冰湖溃决洪水、冻胀融沉、海岸崩塌、风吹雪、冻雨等，给社会和人类生命财产安全带来威胁。人类如何适应冰冻圈变化产生的影响，发挥致利功能，降低致害作用的风险，是冰冻圈科学的任务和使命。

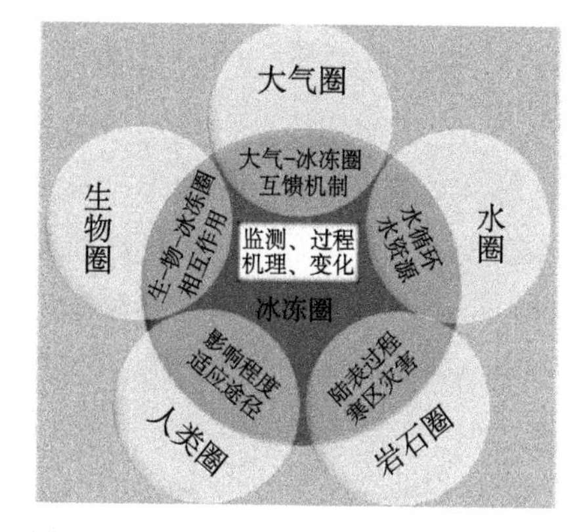

图 1-4　冰冻圈与其他圈层相互作用关系

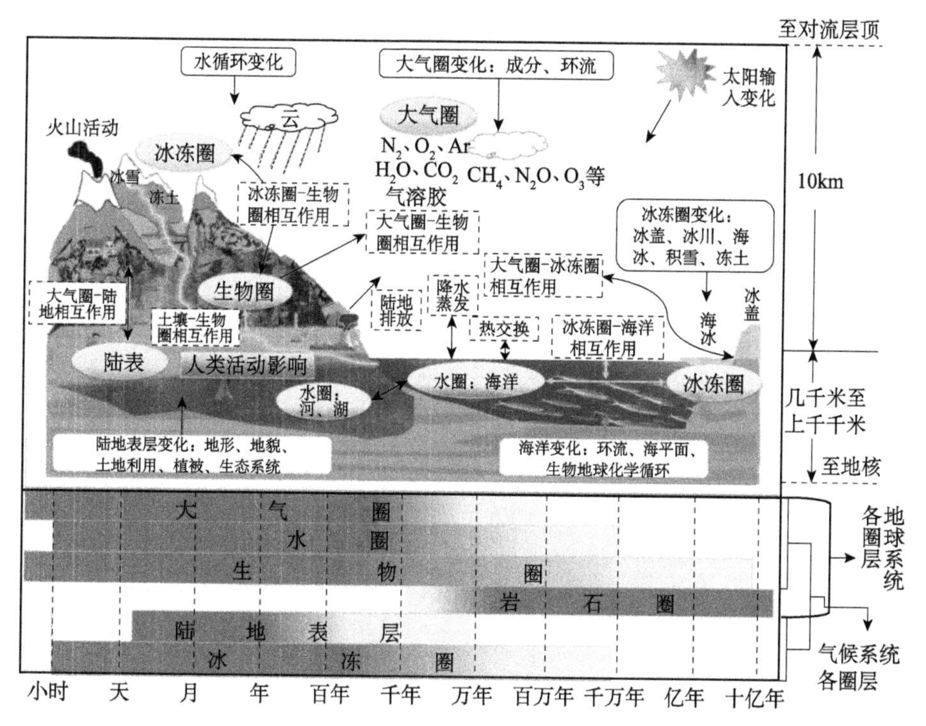

图 1-5　冰冻圈与其他圈层相互作用时空尺度关系

（三）冰冻圈科学具有从基础到应用基础再到应用研究的学科特点

冰冻圈组成要素的物理特征及其演化过程和机制，是冰冻圈科学的理论基础，必须通过地面、航空、遥感等“地-空-天”多重手段长期监测，获得冰冻圈各要素物理、化学和各种地理参数。同时，还应当开展冰冻圈水热和动力过程的建模和模拟等基础研究，结合观测结果，深刻认识冰冻圈各要素的形成演化过程、现代过程的物理机制，只有这样，才能准确、全面理解冰冻圈与其他圈层相互作用的内容和意义。这些都是冰冻圈科学的基础工作，是本学科研究的根基和起点。

研究的目的全在于应用。在全球变暖背景下，冰冻圈变化带来的影响也日趋严重，对自然系统和社会经济系统影响显著，有负面的，也有正面的。过去学界对负面的（如灾害、风险评估等）研究较深，现在则对其正面效应（冰冻圈服务功能）更加关注（效存德等，2016），这一点是冰冻圈科学的应用价值所在，为丰富和发展冰冻圈科学做出了贡献。

冰冻圈变化影响的负面效应主要是冰冻圈灾害对经济社会的影响。20 世纪 50 年代以来，人类活动导致全球变暖的强度增加、影响扩大，天气、气候灾害频发并呈增加趋势。同时，冰冻圈也在变暖、退缩，造成多种冰冻圈灾害，并且有地域广、灾损大及频发、群发、多发和并发趋势等特征，影响了冰冻圈和毗邻地区的经济社会发展，成为向实现可持续发展转型中面临的重大问题。因此，需要研究冰冻圈变化过程及其成灾机理，尤其要关注关键地区基础设施和重大工程建设问题，主动适应冰冻圈变化带来的不利影响，最大限度地降低灾害风险，减少灾害损失。

冰冻圈变化影响的正面效应主要指冰冻圈的服务功能。“冰冻圈服务”是指人类社会从冰冻圈获取的各种惠益，包括直接或间接从冰冻圈系统获得各种资源、产品、福利和享受等。对人类生存与生活质量有贡献的所有冰冻圈产品和服务都是冰冻圈服务功能，应当包括供给服务（如水资源、冷能、天然气水合物等），调节服务（如调节气候、调节径流、涵养水源、生态调节等），社会文化服务（如冰雪旅游休闲和体育服务、冰冻圈科研与教育服务、冰冻圈原住民文化结构、宗教与精神服务）及生境服务（如极地及亚极地冰冻圈栖息地），工程服务（如冻土地区重大工程）等。目前，人们只是认识到了冰冻圈对于人类社会施惠的上述事实，尚未系统研究冰冻圈服务功能的总量、类别、区划、单一与复合品种服务效果、功能盛衰过程、功能丧失阈限，更缺乏估算其现实与潜在社会经济价值。未来如何将冰冻圈资源效益最大化地服务于社会，树立科学经营冰冻圈的理念，唤醒关注冰冻圈的公民意识，是冰冻圈科学的任务之一。总之，冰冻圈科学的应用特点，体现在通过冰冻圈过程与机理的研究，为冰冻圈变化风险防范与冰冻圈服务功能提升等重大社会需求提供科技支撑，体现其价值和意义。

第二节　科学意义

在全球变暖背景下，由于冰冻圈对气候变化高度敏感和重要的反馈作用，成为气候系统最活跃的圈层之一和当前全球变化与可持续发展的热点之一，冰冻圈科学受到了前所未有的重视。

一、冰冻圈科学是气候系统科学的前沿领域

冰冻圈各组成要素都是气候系统研究关注的内容。冰冻圈是气候产物，受气候变化的影响，同时也在不同尺度上影响着地表能量平衡、水文过程、大气环流等。雪冰表面反照率反馈效应、水-冰-汽的相变潜热和积雪对下伏土壤的隔热作用等，是影响冰冻圈与气候关系的因素。它们的变化及反馈，使冰冻圈在全球气候系统变化研究中的地位跃升，气候系统科学的前沿与此有关。例如，青藏高原冬春季积雪异常对东亚、南亚夏季风产生重要影响，高原东部积雪范围增加，高原以东地区和印支半岛的夏季降水会减少，而印度东部、南部地区和孟加拉湾西北部的降水增加，中国汛期短期气候预测就属于此类问题；南极冰盖、格陵兰冰盖等冰冻圈要素的变化，直接影响“大洋传输带”的大洋环流，对大气圈产生很大影响；北半球多年冻土区和北冰洋海底多年冻土是地球主要碳汇，储存大约 18 320 亿 t 碳，是 1870～2012 年人类活动排放质量 5550 亿 t 碳的 3 倍左右，气候变暖冻土退化，加速多年冻土区有机碳的分解和释放，使大气中温室气体浓度上升，加快气候变暖。凡此种种，都是当前国际科学前沿问题。

二、冰冻圈科学是社会经济与可持续发展领域的研究热点

未来冰冻圈退缩会带来很多影响，如水资源短缺、自然灾害加剧、基础设施受损等，需要未雨绸缪，超前部署，开展研究，拿出对策。冰冻圈科学已经成为为国民经济建设服务的新兴学科之一。

冰冻圈是地球重要的淡水资源，是世界许多大江大河的源头，江河流水滋润着大地，造福于人类，它们的变化会影响人类生活和社会发展。目前，

冰冻圈变暖退缩，已影响到水资源供给、生物多样性保护、环境保育、工程设施安全、人居环境等（丁永建和效存德，2013）。随着气候持续变暖，冰冻圈变化影响的风险在增加，范围在扩大。例如，预估未来50年，中亚、南亚和青藏高原的冰川、冻土的变化，可能影响北半球主要河流的径流量和淡水资源的供给，影响粮食安全和人类健康，而这里生活着世界45%的人口。又如，预估未来100年内，如果夏季（4～9月）平均气温上升3℃，阿尔卑斯山约80%的现代冰川将加速退化，这对人口密集、经济发达的欧洲来说，水资源和旅游业会受很大影响。在干旱少雨的中亚，冰川快速消融，对下游流域的城市居民生活、生态和工农业用水影响巨大，影响经济发展。

以往也有成功经验。如21世纪初青藏铁路的建设，就是在多年冻土区开展工程建设研究基础上，汲取前人经验，解决了冻土工程重大科学问题，成为冰冻圈科学为国家需求服务并获成功的范例。

三、冰冻圈科学是生态文明建设和维护国家安全的重要支撑

冰冻圈变化对人类社会文明和国家安全的影响不可低估，在人居环境、地理旅游、文化体育、民族宗教，甚至国防工程建设、地缘政治等方面带来诸多新课题，需要高度重视。学科交叉、夯实基础，关注冰冻圈作用区和影响区的实效，联系国家需求和政策导向，促进冰冻圈科学这一新方向的健康发展。

冰冻圈作为一种自然资源，是支撑南北极地区、北半球高纬地区和中低纬高海拔地区生态系统的基础，它还维持着中亚、北美西部干旱区生态系统，是冰冻圈作用区内原住民的生产、生活的物质基础，具有为冰冻圈影响区居民提供自然资源的能力。冰冻圈维系的生态系统和提供的自然资源，是保证生态文明的基本条件。

人类工业化以来，消耗化石能源带来了社会文明快速发展，全球经济发展、人口剧增，同时全球变暖加速，这严重波及冰冻圈系统，使其提供的自然资源和物质、服务功能大打折扣。目前，加强生态文明建设已成为国际社会的共识，对冰冻圈的索求越来越多。保护气候，保护冰冻圈，加强冰冻圈科学研究，已成为政府、民众和科学界的共同意愿。加强环境保护综合治理，摈弃一味追求经济效益的短视行为，有重要的现实意义。

目前，中国正在开展推动"一带一路"倡议建设，在"一带"的陆上地区，会遇到高山冰冻圈变化影响的困扰，如道路翻浆、低温、冻融、雪崩、风吹雪等冰冻圈灾害；在"一路"的海上，海平面上升、资源开采的权益和运输、北冰洋海冰退缩和北极航线的打通、特殊工程的建设等，既使冰

冻圈和经济建设关联，也与地缘政治密切相关，都是冰冻圈科学的重要研究领域。

总而言之，冰冻圈科学的社会经济、地缘政治的属性及其与可持续发展的紧密联系，已经成为国际热点之一，有特殊的科学意义和长远的战略意义。

第三节　学科研究发展态势

为掌握近年来我国冰冻圈科学学科研究发展态势、主要研究方向及变迁，本书遴选冰冻圈科学研究重点领域及其专业词汇，通过科学引文索引 Web of Science（WOS）检索平台，利用文献计量专业分析软件——汤姆森数据分析软件（Thomson Data Analyzer, TDA），对 2000 年 1 月 1 日至 2016 年 12 月 31 日十万余篇 SCI、SSCI、CPCI 论文进行了数据分析，以揭示冰冻圈科学学科发展态势。同时，借助 2008～2017 年国家自然科学基金和美国国家科学基金会，对冰冻圈科学学科领域资助项目情况进行了对比分析，以期为我国冰冻圈科学学科发展战略的制定提供参考。

一、冰冻圈科学向体系化发展趋势明显

在全球变暖背景下，冰冻圈变化显著，冰冻圈及其圈层相互作用成为全球变化领域的热点问题，从冰冻圈各要素研究向学科体系化发展的趋势明显。国际冰冻圈研究正在由过去分散、独立的研究，向学科体系化研究发展。冰冻圈研究已成为全球变化研究的焦点之一。据不完全统计，自 2000 年以来仅在《自然》和《科学》杂志上发表与冰冻圈相关的论文就达 300 多篇。近 10 年，冰冻圈科学领域发文量逐年增长，从 2013 年起年发文量过万，而且 5 年总被引频次达到 15 万次以上。冰冻圈科学研究领域的 SCI、SSCI、CPCI 论文出版量每年都在以 5% 左右的速度增长，尤其是 2011 年增长速率达到了 7.65%。冰冻圈科学研究涉及领域多且交叉广泛，前 5 年（2007～2011 年）分布在 229 个学科领域，而近 5 年（2012～2016 年）则分布在 233 个学科领域，增加了 4 种学科。在近 10 年的发文中，在 2000 篇以上的学科共有 38 个。其中，Geosciences（地球科学）、Multidisciplinary（跨学科）和 Geography（地理学）、Physics（物理学）以及 Meteorology & Atmospheric Science（气象学和大气科学）发文量排名前列。

当前，冰冻圈科学逐步向学科体系化方向发展，现已形成当前“冰冻圈-生态系统-温室气体与气候变化”“冰冻圈古气候记录”“冰盖稳定性”“青藏高

原与季风”“大西洋反转环流与两极关联”“北冰洋、南大洋及其影响”等热点学科研究领域（图 1-6）。由于三极地表覆盖以冰冻圈为显著特点，冰冻圈是气候系统中变化最为快速的要素，且具有正的气候反馈效应，因此，在全球快速变暖的过去数十年内，三极研究热点之一便是气候变率、气候变化，这在共现图的不同区域都有体现。由于三极多圈层相互作用显著，海-陆-冰冻圈-气相互作用机制及其气候效应研究必须走向建立数值模式这样一条途径。在方法上，主要是利用遥感等手段对南极、北极、青藏高原进行监测，重点对海冰、积雪、冰盖、冰川等在遥感监测的基础上获得多源数据，基于模型和适当参数，构建相关模型，分析三极气候情况对上述要素的影响及其变化，预测其对生态系统、海平面上升的影响。近年来，北极和青藏高原污染物的输入也受到一定关注，极地大气环境的研究也被地理学工作者所重视，是一个次一级“增长极”。最近 20 年来，大气模式、海洋模式乃至冰冻圈各要素模式得到长足发展，对理解全球气候变化及其区域响应提供了颇有良好前景的工具。

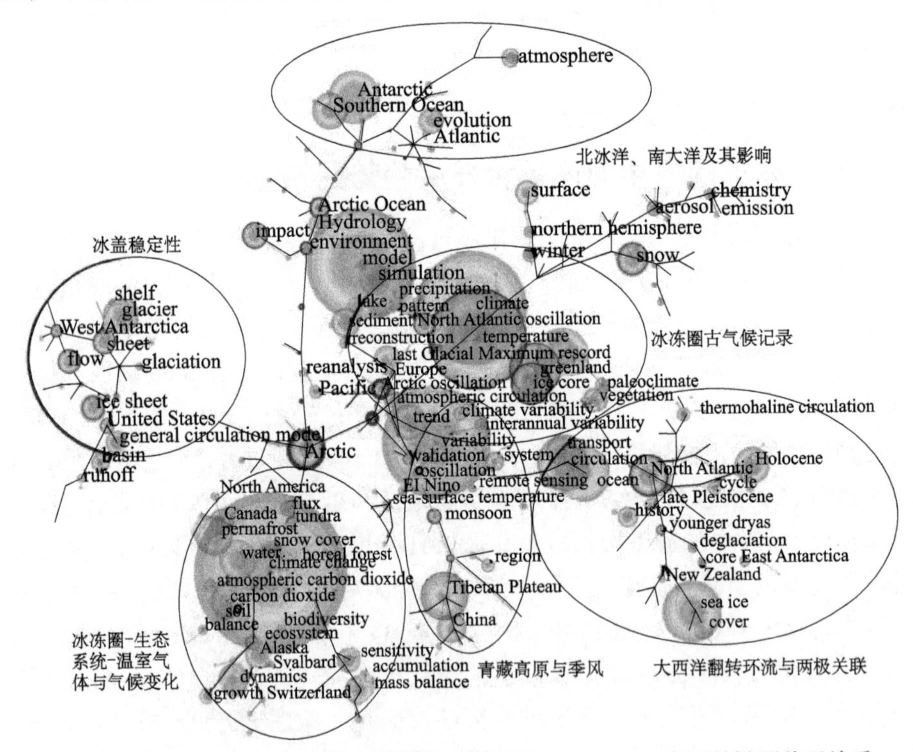

图 1-6　2000～2014 年“冰冻圈科学学科研究”SCI、SSCI 期刊关键词共现关系

国家自然科学基金委员会通过“十一五”学科发展调研，2008 年在修订科学基金申请代码体系过程中，地球科学部将原来的“冰雪、冻土学”申请

代码修改为“冰冻圈地理学”，以期从更加宏观、综合的角度支持冰冻圈科学研究，将冰冻圈科学体系化和学科建设推到一个新的高度。在国家自然科学基金和相关部门的大力支持下，我国有计划地推动了冰冻圈与水、冰冻圈与生态、冰冻圈与气候及冰冻圈与社会经济可持续发展的研究，在学科建设上起到了引领作用，在冰冻圈科学体系化研究方面已经走在世界前列。

二、冰冻圈学科向社会应用学科发展迈进

本书通过对 2008～2017 年美国国家科学基金会和国家自然科学基金资助的冰冻圈科学领域的相关项目分时间段制作项目名称关键词词云，采用隐含狄利克雷分布（Latent Dirichlet Allocation, LDA）主题聚类的文本聚类方法，结合人工对相关项目题名进行判读，系统总结并分析了冰冻圈学科发展的演化态势。美国国家科学基金会资助的冰冻圈学科地域上主要集中在北极，学科上主要涉及海洋、气候变化及影响方面；国家自然科学基金资助的冰冻圈学科地域上主要集中在青藏高原，学科上主要涉及冰冻圈变化、机理及影响方面（图 1-7，图 1-8）。

总体上，国内外冰冻圈科学领域项目以冰冻圈变化基础研究为核心，重点关注以下几方面。①冰冻圈组成要素的形成、发育、演化规律，以及各要素之间相互作用的过程；②冰冻圈水热动力过程、生物地球化学循环；③冰冻圈圈层及其各要素与气候系统其他圈层（大气圈、水圈、岩石圈和生物圈）之间的相互作用、转化和影响；④冰芯记录、气溶胶、积雪变化及其影响；⑤结合冰冻圈内寒区工程、防灾减灾等应用研究，注重经济社会可持续发展的应用研究。

特别地，近些年，冰冻圈学科逐步开始向可持续发展迈进，具体拓展学科领域如下。①开始重视冰冻圈对丝绸之路经济带的影响的相关研究；②冰冻圈变暖对水资源、生态和灾害的影响；③中亚干旱区冰雪灾害及水资源问题；④冰冻圈及动态变化对气候与生态环境的反馈作用；⑤寒区重大工程与环境相互作用机理及安全保障；⑥冰冻圈中高速铁路、高速公路等重大基础设施建设的工程与环境问题。例如，美国国家科学基金会资助冰冻圈科学研究领域的 TOP20 研究计划中，经费数额最大的是阿拉斯加区域科考船舶建造项目，主要用于阿拉斯加研究船的建造和运营，经费是 1.7 亿美元。2017 年，国家自然科学基金资助的重大项目“冰冻圈服务功能形成过程及综合区划”启动，该项目旨在通过以往冰冻圈过程、机理研究向冰冻圈水资源、生态调节、人文、工程服役服务功能研究转变，以实现冰冻圈基础研究向经济社会系统的融合应用发展转变。

(a) 2008～2012年

(b) 2013～2017年

图 1-7　美国国家科学基金会冰冻圈科学研究项目词云

(a) 2008～2012年

(b) 2013～2017年

图 1-8　国家自然科学基金冰冻圈科学研究项目词云

第四节　总体研究和发展思路

冰冻圈变化过程中的动力响应与时空差异性是深刻理解冰冻圈变化机理的关键。而在气候模式中，冰冻圈过程的精细化描述则是准确认识冰冻圈与气候相互作用关系的核心。精准认识影响的时空尺度与程度是科学辨析冰冻圈变化影响的关键。冰冻圈科学对经济社会、可持续发展战略和国家安全的影响是本学科近年来的新发展。围绕关键科学问题和学科未来发展，冰冻圈科学应在若干重要领域做好布局和安排。

一、总体思路

综观近10年来国内外的发展态势，冰冻圈科学在冰冻圈动态过程及其影响因素，以及在冰冻圈变化对气候、水文水资源、生态系统等影响与适应研究等方面做了大量研究，且进展显著。冰冻圈科学已成长为气候科学、环境科学、地球科学、社会科学有机融合的新型交叉学科。当前，由于冰冻圈与其他圈层的互馈联系性在进一步加强，冰冻圈科学在冰冻圈资源开发、变化的风险防范、气候变化评估等方面的重要性日显突出，在研究范畴、内容、技术等方面都在发生变化。未来5～10年，中国冰冻圈科学应立足国家和区域的社会发展需求，紧扣国际前沿，在夯实和加强冰冻圈变化机理研究的基础上，将研究放在冰冻圈变化影响程度与适应能力的定量评估上，重点放在冰冻圈服务功能价值定量化研究和灾害风险防范上，完成服务功能的国家和全球区划与制图，在服务经济社会和生态文明建设、保障国家安全等领域做好布局安排。

二、若干重要领域

（1）在冰冻圈动态过程基础研究方面，要关注“地-空-天”一体的区域冰冻圈监测网络体系建设，形成较为完善的、规范化的、满足系统性模拟、研究需要的覆盖全球的监测体系。冰冻圈变化和相关过程的现场监测是冰冻圈研究的基础。经过近些年的研究，进一步改进和优化中国冰冻圈观测网络，领衔“全球冰冻圈观测计划”（GCW）中的“亚洲冰冻圈网络计划”（Asia CryoNet），具有重要的国际影响。将来，应在此基础上建立多层次、多方位的冰冻圈动态和变化过程物理机制模式，完善和发展冰冻圈各要素的模拟预测，进一步提升冰冻圈模拟预测水平。

（2）在冰冻圈变化与气候相互作用关系方面，应紧密围绕冰冻圈与气候相互作用的关键科学问题，建立全面考虑冰冻圈物理过程的全球和区域气候模式系统。同时，在全球和区域气候模式中，增加描述生态和水循环物理过程的计算模块。在冰冻圈对气候的反馈研究中，强调冰冻圈主要分量（积雪、冻土和冰川）在全球和东亚气候变化的重要性，把这些相互作用过程以模块化的形式嵌入全球和区域气候模式中，并系统地模拟和比较研究冰冻圈变化在气候系统中的作用。

（3）在冰冻圈变化对水资源影响方面，应基于多尺度寒区流域系统观测资料和新技术途径，结合冰冻圈陆面过程模型和遥感资料反演的研究成果，完善基于综合数据输入的包括冰冻圈各要素的分布式流域水文模型，研究重点应由典型流域向区域尺度（欧亚大陆）扩展，最终要揭示冰冻圈各要素变化在不同时空尺度上对水循环和水资源的影响，特别是要在全球和区域海平面变化定量化研究上有突破性进展。

（4）在冰冻圈变化对生态系统影响方面，应系统阐明不同区域生态系统和不同类型生态系统响应冰冻圈变化的差异性规律、生物学机理及适应冰冻圈变化的演化过程与长期演化趋向；探索冰冻圈变化对冻土-生态系统碳循环的影响机理与定量评估方法，定量评价北半球冻土中碳库及其变化；建立区域尺度的冰冻圈变化的生态响应模型，预估未来30～50年生态系统变化趋势。

（5）在冰冻圈变化与地表环境方面，系统开展冰冻圈变化对地表化学风化过程、海岸带及冰冻圈灾害形成机理等方面的研究，开展系统性的冰冻圈灾害风险综合集成研究。在冰冻圈变化与地表环境影响机理、时空尺度与程度方面取得突破性进展和获取重要科学认识。

（6）在冰冻圈与重大工程领域方面，围绕气候变化、冰冻圈变化与灾害和重大工程的关系，以致灾机理、环境效应、核心技术和风险防范为重点，开展冰冻圈变化与重大工程的热力作用机制及其反馈效应研究，冰冻圈灾害对基础设施、重大工程建设及其安全运营和服役性影响的研究，冰冻圈组成要素（冰川、海冰、河冰、湖冰及积雪）未来变化对关键地区重大工程、交通、社会经济和人文，以及国防安全等方面的影响评估和对策研究。

（7）在冰冻圈变化对经济社会影响与适应方面，应进一步丰富和完善冰冻圈变化风险与适应性理论体系，与时俱进，不断完善冰冻圈变化风险与适应性评价方法，在冰冻圈变化—风险评估—适应能力这一应对冰冻圈变化影响的研究链条上形成理论化研究体系。分析冰冻圈变化对全球社会经济和地缘政治的影响，从全球尺度对冰冻圈变化的风险与适应性进行现状评价与趋势预估；在区域尺度上，要树立“经营冰冻圈”的科学理念，结合“一带一路”倡议，针对灾害、极端事件、环保、工程和文化、国际地缘政治博弈等开展应用研究。不断探索冰冻圈变化对经济社会影响的研究方法和理论，从理论方法上完善冰冻圈科学体系，在“未来地球”科学计划框架下，在中国国家发展需求的形势下，推进冰冻圈科学的发展。

（8）加强中国冰冻圈科学界与国际重大科学计划和国际组织的合作，提高我国冰冻圈科学研究的国际地位，实施引领全球冰冻圈科学发展的国际重大计划。大力培养和引进冰冻圈科学各类人才，在高等院校开设“冰冻圈科学概论”本科课程，建设好“中国冰冻圈科学学会”学术交流平台，加强公益活动，提高全民对冰冻圈的重要性认知。

第二章 冰冻圈物理和化学过程

冰冻圈物理过程是冰冻圈形成、演化及与其他圈层相互作用的核心基础。冰冻圈中除了以不同相态存在的水之外，还有其他各种物质，其来源和相互作用的化学过程影响着冰冻圈的各个方面。因此，深入研究冰冻圈物理和化学过程是冰冻圈科学进一步发展的基本需求。过去的研究虽然明确了冰冻圈物理和化学过程的基本概念和主要特征，但要满足冰冻圈变化的模拟和冰冻圈与其他圈层相互作用的定量关系研究，还需要通过系统精细的监测，对各种物理特征和化学特征进行定量刻画。同时，着力发展各种相关过程的模式，为提高冰冻圈模拟研究水平奠定基础。

冰冻圈是指地球表面水以固态形式存在的部分，因此，自然界中各种冰冻圈形成、演化和消亡过程中最关键的就是其中固态水的形成和变化，而控制固态水形成和变化的主要要素无疑为各种物理参数。因此，冰冻圈各要素的物理特征及各种过程的物理机制是冰冻圈科学的理论支撑。只有对冰冻圈各要素的物理特征及各种过程的物理机制有足够深入的了解，才能对冰冻圈的其他各个方面有准确的理解。

冰冻圈各要素的核心物质都是冰，其形成机理和物理特征具有共性特征。比如，温度都低于或至少处于冰点，都必须有一定的水分来源，有相变发生时都伴随着潜热作用，冰体增加或减少过程都遵从物质和能量守恒定律，等等。但是，由于不同冰冻圈要素所处的气候条件、地理环境和物质组成等并不相同，它们之间的物理特征和相关过程也各不相同，即使同一种冰冻圈要素，也存在时空上的差异。于是，冰冻圈各要素的物理特征及其变化的物理机制是冰冻圈科学最基础的和极为丰富的研究领域。

冰冻圈各要素中除主体物质之外，来自外界的各种其他物质成分也不断沉积保存下来，这些物质对沉降时的外界环境有很好的指示意义。通过检测分析，挖掘冰冻圈各要素中各种物质成分的时空变化是重建气候环境变化和人类活动影响的重要研究途径。此外，在冰冻圈形成和变化过程中，冰冻圈内部及冰冻圈与外界的物质交换从不间歇，这些物质交换过程的研究不仅是确定冰冻圈气候环境记录代用指标的关键，也是冰冻圈与其他圈层相互作用研究的基础。

第一节　现状与趋势

一、研究历史概要

（一）冰冻圈物理过程的研究历史

鉴于冰冻圈物理特征及其相关过程在冰冻圈科学中的基础作用和重要意义，冰冻圈物理过程研究理所当然地在冰冻圈研究和冰冻圈科学发展中受到格外重视，其经历了几个重要阶段。

对冰的基本物理性质的认识。自古以来，人们对自然界中的冰并不陌生，但对其基本物理性质的认识长期停留在肉眼观察和表观感知上。近百年来，随着精密观察仪器和实验技术的发展，冰的晶体结构特征才被揭示出来。自从20世纪40年代明确了自然界中的冰为六方晶体以后，引入了冶金学和材料力学等研究方法，深入开展了对冰的物理性质和力学特性的实验研究，揭示了冰既有黏性流体的特点，又有弹性、塑性特征，还具有刚体脆性，明确了冰在应力作用下最为重要的变形可表述为幂函数蠕变规律，即Glen定律（Glen, 1987）。冰的力学特性和其他物理性质受多种因素如温度、应力、杂质成分和含量及冰的结构（以c轴取向表征的组构特征、晶粒尺寸、密度、气泡等）的影响。如果是冰块或巨大冰体，这些诸多因素往往在空间上并不是均一的。因此，对各种各样冰体的物理性质的现场观测和实验研究一直在持续中。

冰冻圈主要要素物理过程的理论研究：冰冻圈不同要素的主要物理过程不尽相同，对它们的研究重点也有差异。

就冰川来说，冰体流动及其相关过程是最为核心的内容。因此，围绕冰体流动机理开展了大量研究，也经历了几个重要阶段。20世纪中期以前，由于人们对于冰的微观结构和流变特性认识不清，关于冰川运动的机理长期处于各种假设和争论中。只有在确认了冰的晶体结构和冰的基本蠕变规律以后，才对冰川冰盖的流动机制有了一致的认识，形成了 Nye 冰体流动理论，即冰川运动最主要的机理是冰体在自重应力作用下的变形和如果底部温度达到或接近熔点时滑动运动，其中冰体变形运动可用 Glen 定律描述。由于冰的真实变形规律为幂函数，在冰川运动模拟实际应用中数学处理非常困难，于是用理想塑性体或黏性流体假定近似描述冰体变形也比较普遍。其后，关于冰川底部滑动的理论及冰川底床变形研究等也有了长足发展。底部滑动机理的基本假定为应力增强和复冰作用，简单来说，就是当冰体接近熔点时遇到底床凸块会因局部应力增强使冰体变形显著增大而快速越过凸起地形。其间，凸块迎冰面会有微弱融化，而越过凸块后应力减小而出现再冻结并释放潜热，这种潜热传递到迎冰面又进一步增强了冰体快速越过凸块的能力。冰川热力学也有较长的研究历史，起初主要以温度场描述开展，后来则是伴随冰川动力学研究将其耦合到冰体动力学模拟研究中（Cuffey and Paterson, 2010）。

冻土物理过程的重点是土壤冻融过程的水热输运的耦合机制和冻土力学特性。关于冻土水热过程，较早是将温度场和水分迁移的定量描述分别进行研究，20 世纪中期苏联在这方面的工作较为系统和突出，后来北美洲也做了大量的工作。由于水分迁移和相变对温度起着决定性作用，温度及温度梯度又直接影响土壤的水分迁移及相变，因此，水-热耦合作用成为冻土学研究的核心科学问题。冻土力学不仅是冻土物理特性的关键内容之一，更重要的是冻土工程研究的基础，一直受到格外重视。由于冻土的物质组成极为复杂多样，正冻土和正融土中的水热过程也伴随着力学过程，从而引起土体的冻胀和融沉。因此，水-热-力三场耦合成了冻土研究的本质问题。由于土体中和水中常含有盐分，盐分介入对水-热-力三场耦合作用机制具有极大的影响，从而也影响着土体的冻胀和融沉，因而水-热-力-盐四场耦合问题也应运而生，成了解决冻结盐渍土工程的重要问题（任贾文等，2017）。

积雪物理过程研究的重点是不同类型积雪变化过程中的各种物理特性定量描述，雪的粒雪化过程，在温度梯度作用下雪层内水汽迁移及再冻结，深霜及雪板的形成，雪的光学性质等（Colbeck，1987）。受监测手段制约，较早的研究以主要物理特性和变化特征的定性描述及分类居多，随着遥感应用及数值模拟的发展，能量和质量迁移模式不断优化。

海河湖冰物理过程研究可分为两个方面。一是关于它们形成和演化过程的物理机制，重点描述相关的物理参数分布，为建立海河湖冰模式和预测其变化服务。这方面研究中热力学内容占的比重较大，主要基于能量平衡和物质平衡来开展。较早研究因受实地监测资料限制，对某个参数或某个分量的分散研究较多。随着遥感应用的发展，大范围多分量适时监测资料迅速丰富，对海河湖冰各种物理参数和相关过程的系统研究发展很快。二是针对海河湖冰工程问题的物理特性研究，以冰力学为主要内容的实验和模拟研究较为突出。

（二）冰冻圈化学过程的研究历史和气候环境记录研究

冰冻圈化学过程研究历史相对较短，主要是20世纪后半叶随着冰芯气候环境记录和冰冻圈生物地球化学循环研究发展起来的，但发展极为迅猛。例如，在冰川和积雪研究方面，发展起来雪冰化学分支；在冻土研究中，以碳氮循环为主要内容的化学过程研究近年来发展更为迅速；在海冰研究中，海冰内化学过程和冰-海-气物质交换越来越受到重视。

冰芯记录研究自20世纪60年代随着冰芯钻探显示了强大的潜力，特别是80年代以来，在南极、格陵兰和中低纬度山地都取得了辉煌的重大研究成果。深冰芯研究对揭示长时间尺度，特别是冰期-间冰期旋回有重要意义，因而钻探深度和冰芯记录时间尺度不断延伸，目前在南极和格陵兰已达到3000多米深度和80万年时间尺度（Augustin et al., 2004；NEEM community members, 2013）。浅冰芯由于分辨率高，对揭示千百年时间尺度和现代气候环境变化及人类活动影响有极大优势，因此在南北两极和中低纬度地区开展了广泛研究（姚檀栋等，2017）。另外，通过寒区树木年轮、湖泊沉积、古冰川和冰缘地貌及沉积物来揭示气候环境变化的研究也在不断发展中。冻土地温，特别是深层温度，是过去地表温度变化的长期结果，对反演过去温度变化很有意义，但这方面的研究非常缺乏。

（三）监测技术的革新

由于冰冻圈各要素所处的气候环境在不断变化中，因而其中的物理和化学过程也在不断变化，要详细了解这些变化过程及其控制机理，以及杂质成分的沉积过程和变化，必须对相关的物理参数和杂质成分进行实时监测。因此，监测技术是制约冰冻圈物理和化学过程研究的关键因素。检测技术包括两个方面：一是对冰冻圈物理参数和过程的实验分析技术及各种杂质成分的检测分析技术，如对各种冰体的微观结构观测和水热与动力过程的模拟实验，冰冻圈各要素中微量、痕量和超痕量杂质成分的检测，同位素分析技术的发展等；二是对冰冻圈主要要素物理和化学特征的现场观测技术和样品采集技术。自20世纪中叶以来，这两方面的技术都有了很大发展，到20世纪末，实验室技术的发展使各种冰体基本物理参数和水热与动力过程的基本概念得以确定，高精度检测分析设备的发展使得冰冻圈内具有重要环境指示意义的超痕量杂质成分的检测分析得以实现；遥感技术的发展使得大范围监测冰冻圈主要要素表面物理特征成为可能；自动数据采集和无线传输技术使冰冻圈内部物理过程的监测也取得很大进展，冰冻圈要素中深层采样技术不断进步。

（四）冰冻圈物理和化学过程模拟研究的发展

20世纪后半叶以来，随着计算机的迅速发展，冰冻圈物理和化学过程的模拟也得到长足发展。特别是进入21世纪以来，在冰冻圈基本物理参数的监测网络快速提升和计算机联网应用的背景下，冰冻圈主要要素关键物理过程在气候及水文模式中不断涌现和完善，极大地促进了冰冻圈变化过程和未来预估研究。例如，冰冻圈各要素能量-物质平衡模式的改进，冰川冰盖全分量高阶动力学模型的发展，等等。由于冰冻圈化学过程通常伴随着物理过程，冰冻圈化学过程模拟是和物理过程模拟交织在一起的。

二、研究现状

到目前为止，在冰冻圈各要素主要物理和化学过程研究方面都取得了一些重要的标志性成果，为冰冻圈科学的进一步发展奠定了坚实基础。但是，由于冰冻圈物理和化学过程研究的内容极为广泛，这里仅就与冰冻圈变化的机理和气候环境记录密切相关的有关主要研究内容的现状给予简要阐述。

（一）冰川冰盖动力学模拟的发展

由于冰川和冰盖的变化受动力过程控制，冰川和冰盖动力学研究格外受到重视。冰川和冰盖动力模拟是对冰体的运动状态运用数学手段进行研究，其本质就是建立应力平衡方程、运动方程和本构方程并联立求解。一般来说，地形条件是冰体受力状态的决定性因素，水热条件则对冰的流变参数有重要影响。因此，冰川动力学模拟首先要针对冰川形态和冰下地形来考虑模型的复杂程度。其次，还要将热力学模型耦合到动力学模型中，再加上冰的变形规律（应力-应变关系）是非线性的，使得冰川动力学模拟极为复杂。比如，要获得动力学方程的解析解则必须对方程进行大量的简化，以至于其假设条件与真实情况差异太大而失去意义；数值求解不仅需要对各个重要参数有很好的实地观测支持，还需要强大的计算机功能。鉴于冰盖的形态参数处理比山地冰川相对简单一些，自20世纪中叶以后，首先研发了冰盖动力模型。山地冰川由于很短距离内地形参数变化很大，模型发展较为迟缓。21世纪以来，冰盖模型进一步发展，并探索将原来各自独立的冰盖、冰架和快速冰流模型耦合，山地冰川模拟也随着计算机技术的发展而有所进展。目前，Nevier-Stokes方程正在被广泛地应用于冰盖和山地冰川模拟中。Nevier-Stokes方程本身是描述不可压缩黏性流体动量守恒的运动方程，应用到冰川模拟中也只是一种近似。但即使这样，实际应用中对关键因子的参数化方案要求也很高，如果缺乏精细的现场实测数据的支持，也难以获得较好的结果。另外，冰川的形态、冰下地形、水热条件等千差万别，如何将单条冰川模拟向流域和区域尺度转化是冰川动力学模拟研究面临的重大问题。同时，冰川冰盖动力学模拟的发展必然要求热力学模拟和物质平衡模拟也同步发展。

（二）冰川冰盖能量–物质平衡研究

冰川冰盖物质平衡是气候变化的直接快速反应，而引起物质收入和支出变化的基本过程是能量平衡各分量的变化过程。由能量平衡各分量在冰川冰盖表面直接观测受限因素较多，长期以来基本以有限的气象资料和物质平衡结果进行相关分析，得出简单的统计模型，即最普遍的度日模型。近年来，随着在冰川冰盖上能量平衡直接观测能力的不断提高，一方面，加强了对度日模型的修正；另一方面，加强了能量平衡模式各分量直接观测验证，由单点向分布式模式发展，特别是通过加强反照率模型的研究，能量平衡中最主要分量净辐射的模拟能力得到显著提高。依据冰川动力学模拟和冰川变化预估的需求，不仅要在单条冰川物质平衡模拟的精度提高上更进一步，流域-区域尺度物质平衡模拟更为迫切。

（三）冻土水热过程

冻土中的水热过程是驱动冻土各种变化的基本因素。而较早时期，冻土温度场和水分迁移过程研究，各自都有很多研究成果。虽然二者密不可分的关系非常清楚，基本方程也比较确定，但要确定限定区域各种相关参数和边界条件，定量准确描述其水热过程是非常复杂和困难的。随着室内实验技术的改进、野外监测手段的提高和数据的积累及计算机应用的迅速发展，近年来，在冻土工程、水文、生态和气候效应越来越受到重视的情况下，冻土中的水分迁移和热量传输的耦合研究也取得了长足的进展，从总体上深入理解冻土变化的主要物理过程正在发展中。

（四）海冰动力学过程和模拟

海冰的形成与大气和海洋动力过程密切相关，因而，海冰动力过程监测和模拟发展迅速，特别是在遥感监测不断深入和广泛之后，发展了多种海冰模式，既有热量平衡模式和海冰动态模式等单要素模式，也有海冰过程和预估综合模式。但目前关于海冰内部过程监测和模拟验证还相对比较薄弱。

（五）积雪物理特征和融雪径流模拟

积雪是变率最大的冰冻圈要素，对其过程的监测极为困难。在遥感应用快速发展的前提下，积雪各种参数和变化的大范围监测得以实现，从而也使积雪过程的模拟有了很好的发展。目前关于积雪融化过程及其水文效应的模拟已有好几种，但由于积雪受地形和多种因素影响，发展复杂地形积雪模式及遥感地面验证还需要进一步深入。

（六）冰冻圈化学过程

由于冰冻圈各种要素的特性不同，其化学特征的认识程度也有差异，其中冰雪化学的研究最为深入和广泛，成为认识过去全球变化的主要手段之一。冻土化学、海冰化学和河湖冰化学则由于其较强的季节性和流动性，认知水平相对较弱。冰川中的化学成分种类繁多，不同的物质具有其特殊的环境意义。自 20 世纪 60 年代以来，极地和中低纬度高山区的冰川化学研究发展迅猛。首先，建立了雪冰中氢氧稳定同位素比率与温度的关系，并利用其时间序列重建了古气候变化。其次，通过雪冰中微粒浓度揭示大气粉尘和火山喷发等环境变迁历史，利用雪冰中放射性元素监测核弹试验等人为污染等，目前已在雪冰中主要阴阳离子、生物有机酸、痕量重金属等方面取得了重大进展，近年来在雪冰有机碳、黑炭、持久性有机污染物（POPs）、微生物等方面开展了大量的工作（康世昌等，2017）。

（七）冰冻圈气候环境记录研究

以冰芯记录研究为标志的冰冻圈气候环境记录研究，在气候环境变化重建和揭示人类活动影响方面显示了巨大的潜力和不可替代的优势。例如，南极深冰芯记录揭示了 80 万年以来不同时间尺度的气候环境变化，特别是地球轨道尺度气候变化框架和冰期-间冰期温室气体记录为认识地球环境演变提供了不可替代的证据；格陵兰冰芯关于末次冰期时的快速气候变化和末次间冰期气候环境状况的重建对深刻理解现今气候变化和预估未来气候变化具有极为重要的参考意义；青藏高原及其他中低纬度冰芯记录研究不仅揭示了中低纬度气候变化与南北两极的异同，更为重要的是揭示了人类活动对区域环境的影响。在冰冻圈气候环境记录研究中，尤为重要的是冰冻圈要素中储存了过去大气原始样品，通过对这些大气样品的检测分析，对过去大气中 CO_2 等关键气候环境指标的演化历史重建具有划时代意义。

三、国际热点及发展趋势

（一）国际热点

目前，国际上冰冻圈物理过程研究的热点主要表现在三个方面：一是单个冰冻圈要素物理过程的模拟和监测验证；二是单个冰冻圈要素大范围物理过程模拟和预估；三是多个冰冻圈要素的综合研究。

在冰冻圈单要素物理过程的模拟研究方面，对主要机理的精细刻画要求更高，不仅是定量化要进一步深入，更要达到对动态过程的精细描述。因此，对某个物理参数既要求能够给出空间分布，还要求给出随时间的变化，即分布式时间序列。在研究范围上，定点精细观测研究固然重要，空间大尺度研究更能满足重要需求。例如，单条冰川的精细研究可揭示各种物理过程的基本规律，但流域或区域尺度的冰川研究对冰川变化的影响和适应更为重要。某些区域，冰冻圈多个要素都有发育，多要素综合研究的必要性显而易见。

冰冻圈化学过程与气候环境记录研究的热潮方兴未艾，其热点主要为：继续加大气候环境记录时间尺度；以更新的检测分析技术获得对气候环境记录的精细解释；进一步发掘新的气候环境指示指标。

（二）发展趋势

冰冻圈作为气候系统中的一个主要圈层，未来研究中最显著的趋势是将冰冻圈作为一个整体来对待。因此，在冰冻圈科学未来发展中，冰冻圈物理过程研究面临的问题和挑战十分突出，即冰冻圈各个要素物理过程研究在分量深入和圈层综合上协调发展、互相促进。在冰冻圈化学过程研究方面继续发展新技术，并结合冰冻圈物理和其他研究，在反演过去地球环境变化和揭示目前的环境状态及其影响因素方面能够发挥更大的作用。

四、在我国面临的发展机遇

我国现代冰冻圈研究始于 20 世纪 50 年代末，经过 60 多年的发展，在冰川、冻土、积雪、海冰等冰冻圈主要要素的物理过程研究方面取得了许多重要进展。在研究初期，主要研究工作是对各冰冻圈要素的基本特征、分布状况和发育条件等的实地考察，其中对主要物理特征也进行观测，但由于各种条件的限制，观测及其所获资料比较零星。20 世纪 70 年代后期以后，随着野外定位站和实验室的建立及国际交流的增多，冰川、冻土的物理过程研究得到了迅速发展，对冰川运动机理、冰川深层温度、融水渗透作用和冰川物理分类等确立了基本框架。对青藏高原多年冻土地下冰形成机理、土壤冻融过程、冻土水热状况及其变化、力学特征等都有了明确认识，揭开了高海拔冻土的基本特征。中国冰川和冻土研究也因此在国际上占有重要地位。积雪研究在 20 世纪 70～80 年代主要针对风吹雪对道路交通的影响和雪崩灾害，开展了风雪流实验研究和积雪稳定性研究，取得了一些重要成果。中国海冰力学研究和河冰水力学研究自 20 世纪 70 年代以来有一些成果，但主要是针对工程问题开展，如海冰对港口建筑的影响和河冰对水利设施的影响。

进入 20 世纪以来，随着冰冻圈在气候系统和全球变化中的重要作用被广泛关注，冰冻圈变化及其影响的研究进展迅速，作为冰冻圈变化的基础，其物理过程研究也再次迎来发展高潮。首先是冰冻圈野外监测网络从空间布局到监测要素和技术设备得到很大提升，在原有两个国家野外站（天山站、格尔木站）的基础上，相继新建了十多个野外观测研究站（如珠峰站、纳木错站、藏东南站、帕米尔站、玉龙雪山站、祁连山站、托木尔站、唐古拉站、阿尔泰站等），形成覆盖整个中国西部的冰冻圈监测网络，还对东北地区、内蒙古地区及境外区域（如南极和北极、巴基斯坦洪扎河流域等）冰冻圈要素进行监测，这使我国冰冻圈监测达到空前规模。在获得大量基础数据的基础上，加强对监测数据的规范化和冰冻圈数据库建设，为冰冻圈过程、机理和变化研究提供了坚实的支撑。

在冰冻圈变化过程和机理方面，我国以丰富的野外监测数据为基础，并应用遥感技术和地理信息技术及区域考察，获得了目前为止我国冰冻圈变化时空特征和机理的最新研究结果。如冰川研究系统性揭示了我国冰川过去几十年变化的时空特征和主要机理，除了气温升高导致消融增强和冰川温度整体上升外，表面反照率下降与消融增强之间的反馈机制极为重要，关于粉尘、黑炭和有机质等吸光性物质的研究正在深入开展。瞄准冰川变化物理过程研究国际前沿，在“能量-物质平衡模型”和“修正的度日模型”研发方面取得了突破；在冰川动力学模型，尤其是冰川厚度（体积）模拟这一国际热点领域取得了进展。例如，在物质平衡模拟研究方面，一方面，发展了基于能量平衡原理的物理模型（能量-物质平衡模型）；另一方面，对度日因子模型进行了改良修正，引入了修正参量（如辐射参量、辐射-水汽压参量等），开发出“修正的度日模型”，并将这些模型成功地运用于多个定位监测冰川。在冰川动力学研究方面，建立了基于流体动力学与理想塑性体理论的冰川厚度分布模型。经监测冰川验证表明，该模型能够很好地重现冰川厚度，平均误差在 10m 以内，适用于我国广泛发育的山谷型冰川。通过耦合冰川动力学模型与冰川物质平衡模型，实现了对天山乌鲁木齐河源 1 号冰川未来变化的预测，并结合模型的敏感性实验，首次得到了天山地区小于 $2km^2$ 的冰川可能在未来数十年到上百年时间尺度消融殆尽的结论。运用二维冰川热力学-动力学耦合模型，模拟了珠穆朗玛峰东绒布冰川表面流速和温度场，并在祁连山老虎沟 12 号冰川上进一步应用。

在冻土变化及其物理过程研究方面，基于目前全球最完善的多年冻土区域监测网络——青藏高原多年冻土监测网络，定量评估了青藏高原多年冻土过去 30 年的变化状态，揭示了冻融过程中活动层内部的水、热动态变化过程，改进了陆面过程模式。例如，基于青藏高原多年冻土长期观测结果分析，揭示了青藏高原多年冻土上限处温度自 20 世纪末以来呈显著升温趋势，给出了不同区域的升温速率。从多年冻土热物理学入手，提出了将冻土学领域经典的斯蒂芬方程（Stefan’s equation）运用到非均质土壤冻结融化过程的新算法，突破了该方程百余年来仅被用来模拟均质土壤冻融过程的限制；系统研究了冻融过程中地表反照率、热力学参数、粗糙度、波文比等的变化规律；改进了 CoLM、Noah 和 CoupModel 等几个应用较为广泛的陆面过程模型，调整了模式中的冻融过程参数化方案，扩展了模拟深度和模型的下边界条件，较好地模拟了青藏高原多年冻土的分布和温度特征。结果表明：活动层在融化过程中消耗于水分相变热约占吸收总热量的 40%；而冻结过程的相变热约占活动层放出热量的 60%；气温和降水对多年冻土的发育发挥着等效作用，随着气温升高或者降水量减少，地表温度、活动层底部附近和多年冻土年变化深度附近的地温均明显升高。伴随着多年冻土的退化，其对大气能量的调节作用将减弱，可能会引起东亚夏季风和高原夏季风减弱。

在积雪变化及过程研究方面也取得了很大的进步。利用气象台站观测资料发现欧亚大陆积雪密度在减小，特别是在春季，表明欧亚大陆春季新雪增加。欧亚大陆秋季积雪首日推后，春季积雪终日提前，导致全年积雪期缩短、积雪日数减少，然而冬季降雪量增加，积雪期平均积雪厚度增加。大陆尺度积雪期缩短、积雪日数减少直接影响着地表反射率，导致近地表能量交换各分量的重新分配，对气候变化有正反馈效应。陆地表面积雪变化对下伏冻土的影响很复杂，虽然整体上仍是保温效益，但可能其保温效应在减弱。以积雪连续天数为标准，对欧亚大陆积雪进行了新的分类，比过去应用积雪累计天数的方法更具科学性。积雪遥感技术也取得了长足的进展。应用中国大陆境内地面积雪深度监测资料，对积雪被动微波卫星遥感算法进行了验证及改进，提高了该算法在中国境内积雪深度的探测精度。应用验证后的积雪被动微波卫星遥感算法，生成了至1978年以来逐月中国积雪深度时间序列数据集。在可见光积雪遥感研究方面也取得了进展，特别是在去除云的影响、山地积雪及林地积雪遥感等方面也取得了较好的进展。在野外考察方面，对不同地貌单元、坡向、坡度、林地、农田积雪变化特征也进行了系统考察，积累了大量资料。

虽然冰冻圈化学过程和气候环境记录研究起步晚，但进展迅速。从20世纪80年代与国外合作开展冰芯记录研究到20世纪90年代自主进行冰芯研究以来，在青藏高原冰川和南极冰盖、格陵兰冰盖冰芯研究方面取得了一系列重要成果，并建立了专门的雪冰化学与冰芯研究实验室，形成了一支活跃于国际舞台的研究队伍。冻土化学过程研究近年来也开展较多，但通常都是与生物地球化学循环研究交织在一起。

我国海河湖冰的物理和化学过程研究相对比较薄弱，也比较分散。

总体来说，与国际现状相比，我国在冰冻圈野外现场监测方面处于国际先进行列，但在过程模拟方面处于跟踪模仿状态。在遥感应用方面，我国尚未有自己的专用卫星和冰冻圈监测传感器。近几年，随着我国在冰冻圈科学理念方面走在国际前列，将冰冻圈各要素综合起来作为冰冻圈系统进行研究的思路符合国际发展趋势，为未来发展奠定了基础。就冰冻圈物理和化学过程研究来说，作为冰冻圈变化机理和冰冻圈与其他圈层相互作用研究的基础，必将受到更多的重视，迎来新的发展机遇，在基础参数监测、过程模拟和多要素综合研究方面协同推进，使研究水平得到整体提高。

第二节　未来10年发展目标

一、未来研究目标

结合国际趋势分析和我国冰冻圈科学现状，未来发展目标中，关于冰冻圈物理过程和化学过程研究应在监测、实验分析和模拟几个方面稳步推进，以满足冰冻圈过程与机理研究和未来各种变化预测预估，以及进一步获得更新的气候环境变化记录的需求。

在监测方面，手段上达到地空监测一体化，空间上基本覆盖全球冰冻圈主要作用区，时间分辨率上能够对重点区域和关键参数达到实时监测和数据处理。

在实验技术发展方面，除引进国际上最新的实验分析设备外，要加强专用设备自主研发和综合分析能力的提高。

在模拟方面，分两个层次。一是对冰冻圈各要素物理过程的模拟，如建立优化的分布式冰冻圈能量-物质平衡模式、冰川动力学模式、冻土水热耦合模式、冻土区陆面过程模式、积雪融化模式、海冰热力-动力耦合模式等。二是将冰冻圈分量模式与气候模式、水文模式及其他圈层模式耦合，提高冰冻圈变化模拟预估能力。

在冰冻圈化学过程和气候环境记录研究方面，既要有全球视野，又要突出我国的地域特色和优势，在南北极地区的研究注重两极与中低纬度的联系；在青藏高原及其周边地区研究中，突出人类活动影响研究，使我国的冰冻圈气候环境记录研究在国际上的地位得到显著提升。

二、未来10年目标

(一)冰冻圈物理和化学过程的监测

为了深入了解和刻画冰冻圈物理和化学过程，在监测方面需要达到地空监测一体化，为此，需要在地面和空间监测和数据平台建设上达到下列目标。

(1)完善地面监测网络。在现有监测网络基础上，完善监测地点布局，优化监测设备和数据采集系统，以达到全方位实时监测冰冻圈物理和化学特征及其相关过程主要参数的目的。

(2)发展自主遥感和空基监测手段。研发和搭载冰冻圈卫星遥感传感器，使我国能够具备自主开展冰冻圈关键要素遥感监测的能力；研发和应用航空监测技术，达到按需求开展冰冻圈主要要素航空监测的能力。

（3）建立数据平台共享系统。发展并建立地面监测数据传输系统，建立遥感和航空监测数据融合系统，通过大数据和云计算等新技术的应用，加速研发数据产品，达到数据共享目的。

（二）冰冻圈水热与动力过程模拟

冰冻圈各种物理过程中，最核心及对冰冻圈变化预估最为关键的是冰冻圈各要素的水热与动力过程。因此，冰冻圈水热与动力过程模拟研究的深入，不仅是冰冻圈物理过程研究水平的主要体现，也是预估冰冻圈未来变化预估的基本需求。未来 10 年，要在冰冻圈水热与动力过程模拟研究方面达到如下目标。

（1）冰冻圈主要要素水热过程的精细描述。在全面详细监测各种参数的基础上，发展能够精细描述冰冻圈主要要素边界和内部热量与水分迁移耦合模式。例如，对冰川冰盖来说，最主要的是发展分布式表面能量-物质平衡模式，以达到较为准确地刻画整条冰川或整个冰盖及流域或区域尺度上物质平衡的变化状态。同时，发展针对冰川冰盖内部和底部热力学过程的模式，以期定量描述内部和底部过程，与动力学模式耦合，满足预估未来冰川冰盖变化的需求。对冻土来说，一方面，提高土壤冻融过程中及冻土内部水分与热量迁移耦合模拟能力，特别是提高各分量模块的精细程度，以达到对内部水热过程的准确描述；另一方面，要继续发展冻土及土壤冻融过程在陆面过程中的模拟，使之能够与区域气候模式、水文模式、生态模式耦合，为冻土变化预估奠定基础。积雪模拟要加快不同气候条件下积雪层内热质传输过程；提高积雪过程、积雪厚度、雪水当量的模拟精度；通过雪面能量平衡，精确模拟融雪过程；继续发展和提高积雪在陆面过程中的模拟精度，提高全球及区域气候模式、水文模式及生态模式的模拟精度。在冰冻圈单要素模拟的基础上，要加强冰冻圈要素之间的相互作用及其耦合效应模拟。积雪对冰川的补给作用、积雪对下伏冻土及海湖河冰的影响等需要通过详细的冰冻圈过程模型进行系统探讨。

（2）冰冻圈主要要素动力学过程模拟。在深入理解冰冻圈各要素主要物理过程和变化机理基础上，建立冰冻圈各主要要素动力学过程模式。由于冰冻圈不同要素动力学过程存在差异，要针对具体研究对象分别建立相应模式。针对山地冰川，要建立全分量高阶动力学模式，同时要与物质平衡模式和热力学模式耦合。鉴于流域或区域尺度冰川变化及其影响的重要性，特别要在单条冰川模拟向区域尺度转化上有所突破。冰盖模拟研究则要将陆地冰模式与冰架模式进行耦合，同时提高对冰盖和冰架底部热力学过程和动力学过程的耦合模拟能力。冻土研究要在对不同类型冻土的力学特性充分理解的基础上，将土壤冻融过程中的冻胀和融沉变形与水热力过程耦合，提高在不同气候条件下、不同土壤水分条件下由于土壤冻胀与融沉导致的地表变形及其对工程建筑的影响。热融湖及热融喀斯特的形成过程要结合热力及重力的作用，同时考虑热融湖及热融喀斯特对冻土的作用。积雪模式要同时考虑复杂地形、植被及风的作用，而海冰模式则要充分考虑大气环流及洋流的影响。

（三）冰冻圈现代过程研究

冰冻圈与其他圈层物质交换，以及冰冻圈内部物质交换和变化涉及各种过程，其中以物理和化学过程最为基础。通过监测、检测、实验和模拟等研究的有机结合，辨析关键因子，认识内在机理，掌握主要规律，为冰冻圈气候环境记录、冰冻圈模拟和冰冻圈与其他圈层相互作用研究等奠定坚实基础。

（四）冰冻圈气候环境记录发掘

把握机会，参与国际冰芯研究重大计划，同时启动以我国为主的研究项目，使我国冰芯记录研究能够更上一层楼。由于不同时间尺度、不同分辨率的记录所针对的科学问题不同，应当同时注重长时间尺度（万年至百万年）重大气候环境事件和短时间尺度（年代际至千年尺度）高分辨率记录研究共同发展。另外，还要重视冰芯记录与寒区其他介质记录（如寒区树木年轮、冻土深孔温度、古冰川遗迹、湖泊沉积等）的结合，通过相互对比验证，提高可靠性，使我国的冰冻圈气候环境记录研究具有自己的特色。

（五）冰冻圈主要要素与其他圈层耦合模式

由于冰冻圈变化的起因在于气候条件的改变引发能量平衡的改变，从而导致物质平衡变化和水热过程及动力学过程等的变化，因此，无论是冰冻圈能量-物质平衡模拟还是水热过程与动力学过程模拟，其气候条件都是基本的驱动因子，冰冻圈各种要素的各种物理过程的模式都必然要与气候模式耦合。除气候模式之外，从冰冻圈科学整体发展角度出发，冰冻圈物理过程模拟研究还要与水文、生态、海洋、社会经济等模式相结合，以满足冰冻圈与其他圈层相互作用的定量化研究。

（六）冰冻圈主要要素水热过程与动力学过程模拟不确定性评价

冰冻圈物理过程研究的主要目标之一，是为预估冰冻圈变化及其影响提供基础。因此，基于水热过程和动力学模式对冰冻圈主要要素未来变化的预估其可靠性如何是必须面对的问题。在未来研究中，必须通过对比野外定位站监测结果和模拟结果，验证和评价冰冻圈水热过程与动力学过程模拟的不确定性，建立冰冻圈主要物理过程模式与其他圈层模式耦合的不确定性评价方案，以便提高冰冻圈变化预估能力。

第三节　关键科学问题

一、冰冻圈主要物理过程的定量刻画

冰冻圈各要素的物理过程复杂多变，主要参数相互影响。经过长期发展，对冰冻圈各要素主要的物理过程和变化机理的认识已经较为明晰，对主要参数及其相互影响的定性认识不断丰富。但在定量认识方面，限于资料数据不够完整，或精度不够，或时间序列较短，还有待深入。在未来研究中，只有进一步将冰冻圈各要素主要物理过程的定量研究提高到一个新的高度，满足模拟研究的需要，才能为预测未来冰冻圈变化、冰冻圈与其他圈层相互作用，以及冰冻圈变化的影响与适应等研究提供坚实的基础。

二、冰冻圈水热与动力过程及其模拟

在冰冻圈变化和冰冻圈与其他圈层相互作用中，最主要的物理过程是水分与热量迁移和动力学过程。在冰川和冰盖中，积累区积累的物质通过冰体运动被输送到消融区，因而冰川变化受控于物质平衡和动力学过程。冻土中的水分和热量迁移是冻土变化的核心。积雪融化以水热过程为基础，海河湖冰的消长则是动力、热力、物质交换过程交织在一起。因此，一方面，要深刻认识和定量表述冰冻圈各要素水分和热量迁移及动力学过程；另一方面，要提高物质平衡和动力学模拟研究的水平，才能为冰冻圈变化预测和冰冻圈与其他圈层相互作用研究提供可靠支撑。

三、冰冻圈现代过程与气候环境记录代用指标发掘

鉴于冰冻圈气候环境记录的重要性，虽然冰芯记录研究取得了一系列重

大研究成果，但仍有必要延长冰芯记录的时间尺度、发掘新的气候环境代用指标。特别是对冰芯记录中各种气候环境信息的解释存在着不同程度的不确定性，一方面，要对各种物质沉降、存储和变化过程即现代过程进行更精细的研究，明确各种指标的可靠性；另一方面，要通过新技术发掘新的指标，同时还要对多种信息进行交叉验证。除冰芯以外，寒区其他介质也保存有重要的气候环境信息，开发其他介质气候环境记录并与冰芯记录相互验证和补充，才能更好地揭示地球环境的演变。

第四节　重要研究方向

一、冰冻圈主要物理参数和冰冻圈变化的监测

对冰冻圈主要物理参数和冰冻圈变化的监测是定量化研究冰冻圈物理过程和预测未来冰冻圈变化的基础和前提。深入理解冰冻圈物理过程和模拟研究，不仅需要监测数据全面系统，还需要监测时间足够长，并且要提高监测效率和数据共享能力。

（一）冰冻圈各要素定位监测网络提升

我国建立的冰冻圈定位监测网络已具相当规模，有的定位站已有 50 多年历史，在国际上具有重要地位。为满足冰冻圈科学研究进一步发展的需求，还需要进一步完善监测站点布局，补充监测要素，规范监测方法，提高监测技术。

（二）冰冻圈监测的自动化和数据传输

由于冰冻圈区域具有高寒、高海拔、偏远等特点，随着监测网点和监测内容增多，以及监测时间延长和数据采集频率加大，需要研发和应用适合于严酷环境的新技术手段，尽可能实现冰冻圈监测的自动化和实时数据传输，以提高数据汇集的时效性、完整性和可靠性。

（三）冰冻圈监测数据平台建设和开放

随着监测数据的猛增，为了及时、高效地利用监测数据，必须建立好数据平台，并做好开放共享，提高监测数据的价值。为适应冰冻圈科学发展需

求，要整合建立统一的与国际接轨的高水准冰冻圈科学国家数据平台，研发各种数据产品，建立共享机制，为冰冻圈科学研究提供有效支撑。

（四）遥感技术在冰冻圈监测中的应用和研发

冰冻圈分布广泛，地理和气候环境严酷，无论地面监测如何发展，其监测能力仍然有限，亟须着力发展冰冻圈遥感监测。例如，启动卫星传感器搭载和航空探测监测，研发卫星和航空监测数据的处理和应用。

二、冰冻圈变化的机理

要辨析冰冻圈变化的机理，必须对冰冻圈各要素的关键物理过程进行深入研究。

（一）冰川冰盖变化的物质平衡和动力过程

冰川冰盖对冰冻圈的变化主要受自身动力过程控制。为深入理解各地区各类冰川及冰盖的动力过程并对它们的变化进行模拟，必须详细研究其物质-能量平衡过程、运动机理和热力-动力耦合机制。

（二）冻土中水分和热量迁移过程

冻土中的热量和水分不仅影响着冻土的各种性质，而且决定着冻土的各种变化。要深入了解冻土变化的内在机理，必须进一步研究各种类型冻土的水分和热量迁移过程。

（三）积雪物理特征和融化过程

积雪区面积非常广阔，而它的时空多变性又非常显著，对气候、水文、生态和社会经济等有重要影响。只有在充分认识积雪的物理特征和融化过程的基础上，才能深刻理解积雪变化的各种效应。

（四）海冰物理特征和动力过程

海冰在全球海洋与大气相互作用中扮演着重要角色，不仅影响气候系统，在社会经济等很多方面都有重要意义。目前虽然有很多海冰模式，但关于海冰物理特征参数的准确性和动力过程的认识程度制约着海冰模式的可靠性，必须以各种途径探测和研究海冰物理特征和动力过程。

（五）河湖冰物理特征和变化机理

河湖冰相对于其他冰冻圈分量，体量虽然小，但对区域环境和社会经济有重要意义。目前我国关于河湖冰研究相对比较薄弱，为全面发展我国冰冻圈科学，关于河湖冰物理特征和变化机理的研究迫在眉睫。

三、冰冻圈变化的动力学模拟预估

（一）冰冻圈表面物质与能量平衡模拟

冰冻圈的形成和变化的最根本因素是水分来源和低温条件，因此其物质平衡与热量交换是冰冻圈发育和演化的首要驱动因素，在冰川、冰盖、海冰诸多冰冻圈要素水热与动力过程研究中，表面物质与能量平衡是最基本的研究内容，物质平衡是最主要的输入参数。关于冰冻圈表面物质与能量平衡研究作为最基础内容已有很多成果，也发展了不同类型的模式，但分布式模式还比较欠缺，要满足动力模拟还需要进一步研究。

（二）冰川冰盖动力模式的发展和应用

冰川和冰盖变化是各个层面关注的热点，因而其模拟研究也得到了很大发展。目前为止，冰盖的动力学模式相对较多，也有比较好的应用。但延伸到海洋的冰体即冰架既与冰盖相互作用，又与海洋相互作用，新的发展需要将冰盖模拟与冰架模拟耦合起来。山地冰川相对于冰盖来说，规模小且形态复杂，其动力学模拟难度较大，发展比较缓慢。近年来，国际、国内在山地冰川动力学模拟方面都给予了较大关注。

（三）冻土水热迁移和温度变化模拟

冻土面积巨大，含冰量比山地冰川含冰量多，冻土变化对水文、生态和气候的影响极为重要。同时，冻土的温室气体源汇效应也十分突出。因此，冻土变化越来越受到更为广泛的关注。冻土水热迁移和温度变化模拟是冻土变化模拟的主要内容。由于冻土类型、土质、含冰量等随地点多变，冻土水热迁移和温度变化过程非常复杂。虽然长期以来作为冻土研究的基本内容，已经发展了不同模式，但现有模式模拟结果的不确定性仍然较大。要对水热迁移过程给予准确动态刻画还需要进一步深入、细致的研究，发展更好的模式。

（四）积雪融化和变化模拟

积雪融化的水文和灾害效应非常显著，关于积雪融化和积雪变化模拟一直受到重视。但由于积雪的多变性及多种地形因素和下垫面的复杂性，积雪融化和变化模拟研究虽然也发展了一些模式，但需要改进和发展的空间还很大，还需要进一步加强研究。

（五）海冰热力、动力过程和变化模拟

海冰变化除了受自身内部物理过程控制外，受海洋热力动力因素影响也很大。虽然关于海冰模式有很多重要的研究成果，但大多为基于海冰热力过程或者动力过程的某个方面，要想准确地模拟需要将海冰内部过程、海洋热力动力过程和气候要素各个方面耦合起来，因而还需要进一步加大研究力度。

（六）河湖冰热力水力和动力过程及变化模拟

河湖冰在区域环境和工程等方面有重要意义，过去关于湖冰的研究极为缺乏，河冰模拟研究虽有一些重要成果，但主要针对的是有工程效应的一些河段。在未来冰冻圈科学发展中，必须重视河湖冰的研究，拓展更广研究区域，开展针对河湖冰变化的模拟研究，特别是河冰热力学与水力学的耦合问题更为突出。

四、冰冻圈现代过程及其气候环境记录研究

（一）冰冻圈现代过程研究

冰冻圈各要素中除主体介质外，还储存有地球系统乃至外太空各种物质，但含量大多都非常低，有的甚至在超痕量级别。研究这些物质在冰冻圈要素表面的沉积及沉积后的迁移和变化过程，不仅是冰冻圈气候环境记录研究的基础，也是认识冰冻圈内部物理、化学和生物等过程的必然需求。另外，冰冻圈与外界的物质交换过程及其控制机理也是冰冻圈与其他圈层相互作用研究中最为基本的内容。由于冰冻圈地区相对偏远、环境艰苦、交通不便，对冰冻圈各要素现代过程的监测比较零星，使之模拟也很粗略。为此，必须要开展监测、检测、实验和模拟一体化研究，系统性提升冰冻圈现代过程研究水平。

（二）冰冻圈气候环境记录研究

冰冻圈分布地域广泛，冰冻圈气候环境记录信息非常丰富。冰冻圈气候环境记录研究虽然发展迅猛，并取得了许多经典的重大研究成果，但无论是从地域上还是内容上，有待拓展的空间很大。就我国冰冻圈科学研究来说，在南极和北极地区的研究还很薄弱，必须加大力度推进在南极和北极地区的冰芯记录研究。同时，在中低纬度，除继续山地冰芯记录研究外，要着力开拓冰冻圈及其邻近区域其他介质气候环境记录研究，使我国的冰冻圈气候环境记录研究迈上一个新的台阶。

第三章 冰冻圈与气候模拟

在系统梳理冰冻圈在全球和区域气候系统中的重要作用及冰冻圈分量模式国内外发展趋势的基础上，提出未来 10 年应重点突破冰冻圈在气候系统模式中的精细化描述，冰冻圈要素对气候变化响应的定量化研究的总目标。建议通过加强不同时空尺度气候系统与冰冻圈的相互作用与反馈研究、冰冻圈快速变化对气候系统影响的定量辨识研究，在耦合模式与同化系统研发、海平面效应、北极放大器及其气候效应，以及冰冻圈变化对极端天气或气候事件、季风与长期气候变化影响等方面的深化研究。

冰冻圈通过与大气、海洋的相互作用，在全球气候变化中发挥着重要作用。目前国际科学界最为关注的是冰冻圈变化对天气或气候、大洋环流和海平面上升的影响。地球系统模式中的冰冻圈分量模式是深入理解冰冻圈在气候变化中作用的重要研究工具。未来 10 年，应着力发展完善冰冻圈过程的参数化方案及冰冻圈同化方法，实现冰冻圈模式在地球系统模式中的全耦合，揭示不同时空尺度冰海气相互作用机理，辨识冰冻圈快速变化影响的阈值或临界点，重点开展冰冻圈对全球海平面变化的影响预估、冰冻圈快速变化与极端天气或气候事件、南极冰盖物质平衡稳定性，以及青藏高原冰冻圈与季风降水关系等研究。

第一节　现状与趋势

冰冻圈在全球气候变化中的作用是 WCRP 的四大重点领域之一，CliC 计划就是其核心执行计划，其目标是加深对冰冻圈与气候系统之间相互作用的物理过程与反馈机制的理解，提高气候预测的准确性，为防灾、减灾服务。近 40 年来，国内外科学界在冰冻圈变化对天气气候、大洋环流和海平面上升的影响等领域取得了显著进展。目前，北极海冰变化对北半球中高纬度天气气候影响、冰冻圈退缩对全球海平面变化的定量贡献与预估、冰冻圈快速变化影响的阈值或临界点、南极冰盖物质平衡的长期稳定性，以及青藏高原冰冻圈变化对亚洲季风降水的作用等是冰冻圈科学研究的前沿科学问题。

作为气候变化和冰冻圈科学研究的重要工具，地球系统模式中的冰冻圈分量模式（主要包括冰川物质平衡模式、冰盖动力学模式、冻土模式、积雪模式、海冰模式和河湖冰模式等）得到了迅速发展。其中，海冰模式发展最早，也最为完善，作为独立的分量模式实现了与大气模式、海洋模式、陆面模式的全耦合。在陆面模式中，积雪模式、冻土模式和河湖冰模式已成为重要组成部分，冰川和冰盖动力模式仍在发展之中。冰冻圈过程的参数化方案及冰冻圈同化方法是近期研究重点，实现冰冻圈模式在地球系统模式中的全耦合是未来 10 年的发展目标。

一、冰冻圈变化对大气的反馈作用

（一）冰冻圈的反照率效应

地球表面反照率的细微变化会影响到地-气系统的能量平衡，进而引起气候变化。冰雪面对太阳辐射具有较高的反照率，对地表能量吸收影响很大。洁净的冰雪面反照率可达 90% 以上，而一般的地球表面反照率为 10%～30%，海洋有无海冰覆盖吸收能量差别可达 9 倍以上。

冰雪面的反照率大小取决于冰雪面的反射属性及大气或天空的状况。冰雪的粒径、密度、含水量及污化度或杂质等物理属性都会影响反照率的变化，反照率随着冰雪的这些物理属性的增加而减小。天气状况，如大气含水量、混浊度，以及云量、云状等会改变入射辐射量及其光谱分布特征，从而影响冰雪面的反照率。

冰雪-反照率反馈机制（图 3-1）是冰冻圈和大气圈之间相互作用的形式之一，指的是受冰雪性质和分布范围影响的反照率变化与地表温度变化之间的正反馈机制。冰雪-反照率反馈机制是气候系统中的一个典型的正反馈机制，表现为地表温度升高，冰雪消融使得冰雪覆盖减少，从而使地表反照率降低，地表吸收的太阳辐射将增加。反之，地表温度降低，则会发生相反的变化，冰雪覆盖扩大，地表反照率增加，进而放大初始的降温。这种机制也适用于小尺度的积雪变化；初始时少量的积雪融化导致地表颜色变暗，吸收更多的太阳辐射，从而引起更多的积雪融化。净辐射量是冰川消融的重要能量源，冰川上小区域范围内反照率的变化也会引起相对较大差异的冰川消融量。这种机制还被用来解释最近北极海冰面积的退缩，是海冰变化作为气候变化的放大器和指示器的重要原因。

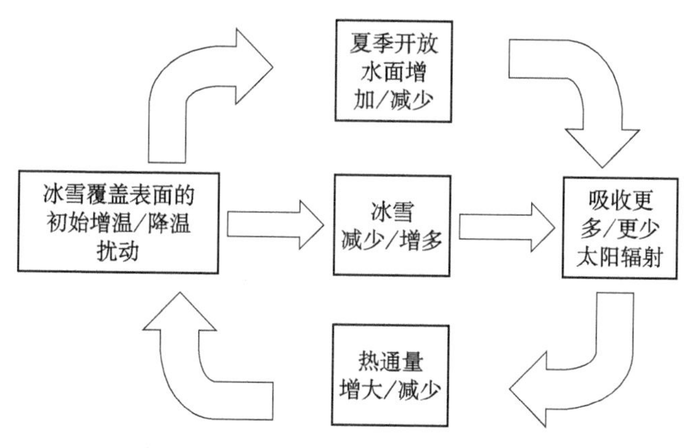

图 3-1　冰雪-反照率反馈机制示意图

大气和冰冻圈的耦合引起的冰雪-反照率反馈效应在高纬度地区地面气温变率中起重要作用。自 1979 年以来的近 40 年间，全球大范围增温显著，最大增温出现在北半球高纬度地区。美国国家冰雪数据中心（NSIDC）的卫星资料显示，北极年平均海冰面积已显著退缩，尤其是夏季海冰退缩率较大，对极地增温有显著贡献（IPCC，2013）。

（二）冰冻圈的相变效应和能量传输

冰冻圈以巨大冷储和相变潜热影响气候系统。零度的冰相变为零度的水，相变潜热为 33.4 万 J/kg，冰相变为气态水（升华），其相变潜热更高达 283 万 J/kg。冰川、冰盖、冻土、积雪、海冰等冰冻圈诸要素在融化过程中均需要经过自身升温—达到零度—相变耗热这一过程。这一过程中，冰雪面与大气、海洋与海冰之间发生着显著的感热和潜热交换，从而在不同时空尺度上影响着天气和气候系统。

在有冰面覆盖的海洋和大气之间的热量传输受多种因素的影响。在冰雪的上边界，能量的传递受入射太阳辐射、入射长波辐射、反射短波辐射、冰雪面的散射长波辐射、垂直方向的湍流感热通量和湍流潜热通量，以及冰雪中的热力过程的影响。在冰雪的下边界，控制热量传递的基本因子是来自海洋的湍流热通量、冰凝结或融化时的潜热通量。通过冰层的热通量由上述因子控制。在冬季多年冰的热量收支中，强辐射冷却和通过海冰来自海洋的较小热量使得海冰表面的温度低于周围大气温度。这就是大气边界层稳定分层和感热通量向下的主要原因，也是低层大气冷却的原因。低的大气温度导致了大气边界层中低的水汽含量，因而在冬季湍流潜热通量对于热量收支的贡献是不明显的。

从全球能量与水循环角度估算冰冻圈的相变效应和能量传输，仍存在较大科学不确定性，需要通过观测和再分析资料的诊断分析及数值模拟手段不断更新科学认知，尤其是在全球变化背景下的年代际尺度能量与水循环演变中冰冻圈分量的作用。

二、冰冻圈对亚洲天气、气候的影响

亚洲季风包括东亚季风与印度季风，是由亚洲陆地与其周边海洋之间的热力差异驱动产生的，北极海冰、欧亚大陆和青藏高原积雪对亚洲季风的形成与异常发挥着重要作用。

作为冬季冷空气的源地，北极对东亚地区寒潮和冬季风的形成与异常均有重要影响。北极海冰阻隔了海-气之间的热量交换，并通过冰雪-反照率反馈机制对北极和欧亚大陆高纬度地区的冷空气活动有重要调制作用，进而对东亚地区的天气和气候产生影响。早在20世纪90年代后期，研究发现喀拉海—巴伦支海是影响东亚气候变化的关键区域。冬季该海域海冰变化主要受北大西洋暖水流入量的影响，并与500hPa欧亚大陆遥相关型有密切的联系，表现为冬季该海域海冰异常偏多（少），则东亚大槽减弱（强），冬季西伯利亚高压偏弱（强），东亚冬季风偏弱（强），入侵中国的冷空气偏少（多）。近年来的观测和数值模拟试验进一步证实了这一结论。

冬季欧亚大陆中高纬度地区盛行偶极子和三极子两种天气型。过去几十年来，偶极子天气型没有呈现明显的变化趋势，但三极子天气型在20世纪80年代后期表现出显著的变化趋势。三极子天气型的负位相对应着位于欧亚大陆北部（中心位于乌拉尔山附近）的反气旋环流异常，同时，在南部欧洲和东亚的中高纬度地区存在气旋性环流异常，导致这两个区域冬季降水增加。三极子天气型的负位相的发生频率在20世纪80年代后期呈现显著增多的趋势。秋季北极海冰消融可以通过影响欧亚大陆盛行天气型的强度和频率，进而影响中纬度地区的天气和气候。北极海冰消融不仅影响东亚地区的气温，也将导致东亚中高纬度地区冬季降水异常的频繁出现（Wu et al.，2013）。

积雪是重要的陆面强迫因子之一，其变化除了对局地大气产生直接的重要影响以外，大范围积雪的持续变化则可以通过行星波的传播，导致更大范围内的大气环流异常。现有研究表明，秋季初冬欧亚大陆的积雪异常与冬季北半球大气环流显著相关，秋季西伯利亚积雪异常与北半球环状模（NAM）呈显著的负相关关系；而青藏高原地区秋季初冬积雪偏多的年份，能引起冬季北半球类似太平洋-北美型遥相关（PNA）的大气环流异常。欧亚大陆积雪变化与中国夏季降水也存在密切联系，研究表明，欧亚大陆春季积雪偏多时，中国夏季自南向北降水呈现少—多—少的分布型，而欧亚大陆春季积雪偏少时，则呈现相反的分布状态（Wu et al.，2011）。

青藏高原通过其强大的动力和热力作用，显著地影响着东亚天气与气候格局、亚洲季风进程和北半球大气环流。通过积雪的水文效应和反照率效应，冬-春季节青藏高原和欧亚大陆积雪异常可以影响到后期夏季中国降水的年际变化。青藏高原冬春季积雪偏多会导致东亚夏季风偏弱，东亚季风系统的季节变化进程比常年偏晚，初夏华南降水偏多，夏季长江及江南北部降水偏多，华北和华南降水偏少。冬季欧亚大陆北部新增积雪面积偏大时，江南降水偏少。

通过对降水与降雪资料的诊断分析及利用全球和区域气候模式试验证实，青藏高原冬季降雪与东亚夏季降水存在遥相关关系，积雪面积和厚度增加导致夏季风延迟，华北和华南地区降水偏少，长江中下游地区降水偏多（宋燕等，2011）。降雪、土壤湿度和地表温度相互作用，引起热通量和水汽通量的改变，进而会激发大气环流做出相应的调整。

在20世纪中叶以来全球变暖背景下，青藏高原冬春季积雪在年代际尺度上呈现出增加趋势，这不同于北半球低山和平原地区积雪减少，从而引起高原上空对流层温度降低及亚洲-太平洋涛动负位相特征（即东亚与其周边海域大气热力差减弱），东亚低层低压系统减弱，西太平洋副热带高压位置偏南，进而造成中国东部雨带向北移动特征不明显，而主要停滞在南方，导致东部地区出现夏季雨型的“南涝北旱”空间分布特征；进一步的气候模拟研究证明了高原积雪异常是引起中国东部夏季“南涝北旱”的重要原因。青藏高原冬春季积雪多少还与东亚梅雨期的水汽输送有关，并影响着下游的季风环流系统，尤其是副高位置的南北摆动（Xu et al.，2012）。虽然欧亚积雪从20世纪70年代后期不断减少，但青藏高原积雪反而增加，在20世纪70年代末存在一个明显的年代际变化（宋燕等，2011）。高原积雪年代际变化主要是气候系统内部的自然变率还是全球变暖影响的结果，有待进一步研究。青藏高原积雪通过影响地表和低层大气辐射及能量收支从而降低对流层温度，进而影响亚洲夏季风和中国夏季降水。观测和模拟研究表明青藏高原冬春季积雪面积增多和雪深增大，春末夏初的5月和6月积雪融化期间，异常“湿土壤”作为异常冷源，减弱了春夏季高原热源的加热作用，导致季风强度偏弱，引起长江流域夏季降水异常增加，华南、华北夏季降水异常减少；反之则出现反向变化。

三、冰冻圈对全球大洋环流的驱动及响应

（一）冰冻圈与全球大洋环流

海洋环流可分为风动力流和热盐环流（thermohaline circulation，THC）。由风力驱动的洋流相对是短期的，海洋上层环流主要是表面风应力的结果。热盐环流是全球海洋在温度和盐度差异驱动下的洋流现象，它是全球大洋环流中的一种形式。热盐环流是长期的平均运动，由许多因子包括温度、压力和海冰等驱动。图3-2是全球温盐环流沿南极、北极方向的剖面图。高密度北大西洋深层水（North Atlantic deep water，NADW）由北冰洋区域下沉后向南运动到南极，与南极底层水（Antarctic bottom water，AABW）相互作用，从而导致其又向北大西洋传输。温盐环流这一全球性的循环过程，宏观上由高纬度的下沉水—向低纬度传输的底部洋流—低纬度上升（翻转）流—向高纬度平流的海洋表层流这些环节组成，这一现象已经被很好地用全球大洋环流所谓的“传输带”模式表示。

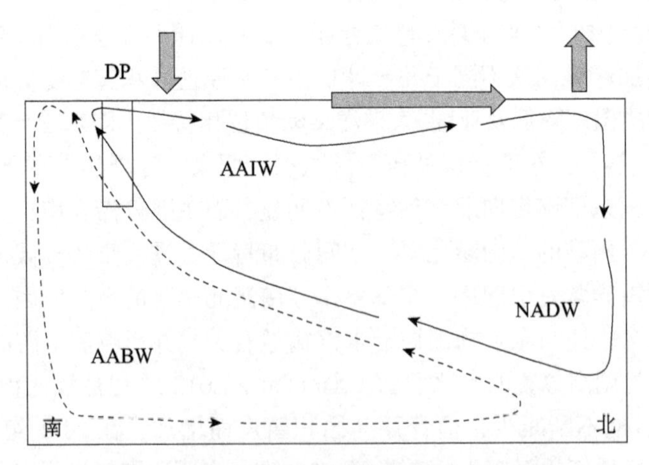

图3-2　两个主要的经向翻转环流分支示意图

一个支流与NADW相关，它在南部大洋沿Drake通道（DP）上升，然后转为较轻的南极中层水（Antarctic intermediate water，AAIW）返回。这个支流实际上代表了大西洋经向翻转环流（Atlantic meridional overturning circulation，AMOC）。另一个支流与南半球高纬度AABW有关，它向北传输，与NADW混合后返回到南部海洋。箭头表示大西洋加强（减弱）的AMOC支流会产生较强的（较弱的）向北的海洋热量传输，在北半球，其由较强的（较弱的）热量损失所平衡，在南半球，由较强的（较弱的）热量收入所平衡（Ivanova，2009）。

海水密度不仅是温度的函数，而且是盐度的函数。在低温情况下，诸如存在于深水形成区的海水，其海水密度对盐度的变化要比温度的变化更加敏感。冰冻圈的退缩与发展会导致大量冷水、淡水释放或储存于海洋或陆地，不仅影响海洋的温度，也对海洋的盐度产生显著影响，从而影响热盐环流过程。当冰冻圈变化幅度足够大时，可以改变全球大洋环流中经向翻转环流（meridional overturning circulation，MOC）的方向，引发气候突变。最著名的实例就是MOC变化对第四纪冰期旋回的解释（Stocker et al.，2013）。在整个第四纪，大量淡水以大陆冰盖和冰川形式阶段性地存储于陆地中高纬度地区。这些陆地冰的消长相当于海平面变化几十米的淡水释放到海洋或由海洋返回陆地。许多研究试图理解淡水扰动对MOC稳定性的作用。早期利用冰芯记录反映末次冰期的信息已经揭示了千年尺度大幅度的气候变化，其主要特征是持续几百年到数千年的突发性变暖事件（间冰段），这就是所谓的D-O循环。D-O波动过程同时也出现在北大西洋沉积记录中，反映了海洋的作用或响应。

因为在冰期内大西洋北端由冰盖所包围，一般利用AMOC的不稳定性来解释观测到的D-O变化机制。当AMOC很弱或关闭，并在冰盖扩张之前，海盐很少由大西洋输出到其他洋盆。假设北大西洋为净蒸发，则水汽以积雪形式积累在陆地，增加了冰盖的补给，造成海洋盐度的持续增加。当达到临界盐度时，深层对流就开始形成，随之AMOC被触发，向北大西洋传输和释放热量，进而融化冰盖。由融冰（或增加冰山数量）进入北大西洋的淡水量最终又会减弱或阻断AMOC，从而又回到开始的状态。利用气候模式的数值模拟研究，考虑关闭大洋热盐环流的极端情形，对2050s热盐环流关闭对气候的影响进行了分析。结果表明，热盐环流关闭可引起北半球温度下降1.7℃，局地的降温可能更强。整个西欧变冷能够达到工业化前的状况，积雪和冻土范围显著扩大。这个试验表明，热盐环流作为经向翻转环的重要组成部分，其变化会显著影响区域甚至全球气候。由古环境记录获得的证据表明，淡水的输出伴随着热盐环流的减弱，可以引发北大西洋冷事件。新仙女木事件（Younger Dryas）时期相关的主要冷事件就与北大西洋翻转环流的关闭密切相关（Masson-Delmotte et al.，2013）。

现代海洋的观测与模拟研究表明，AABW、NADW、AAIW、绕极深水（circumpolar deep water，CDW）等这些构成大洋MOC的重要洋流系统的变化均与冰冻圈有密切关系。研究已经表明，跨越洋中脊向北输送的大西洋暖、咸水为8500万 m^3/s，包括约313W/s的能量和3.03亿kg/s盐量。当其从北冰洋海域向南返回跨越洋中脊时，它的盐度已经减小到35.25～34.88psu，温度已经由8.5℃下降到2.0℃或更低，可见北极海域冷水、淡水对海洋温度、盐度的影响十分明显，而且不仅仅体现在局地气候方面。

（二）大洋环流的冰冻圈淡水输入

一般而言，大洋中的淡水主要通过直接降水、陆地冰体及河流径流补给，补给北冰洋的主要河流多处于积雪广泛覆盖的流域（径流受融雪过程控制）。大量的淡水还可以储存在深水盆地，其驻留时间变化很大。根据变化程度的不同，所有的冰冻圈组分在极区淡水收支中均起着重要作用。

由于冰冻圈的影响，高纬度有较多淡水，而亚热带得到的淡水要少得多。高纬度淡水可驱动海洋表面以非均一方式跨越几个纬度发生变化。然而，由于淡水驱动的变化速率在北半球高纬度要比南半球高纬度大，在全球水循环，尤其是在海洋水循环中，受冰冻圈影响的淡水再分配过程倍受关注。

两极地区的固态淡水和液态淡水是十分重要的水体，这些淡水一旦释放，就会改变大洋的水文与循环过程。海洋和大气的相互作用驱使极区内淡水的循环，以及与亚极区各纬度带的水文交换。在气候变化影响下，大气水汽含量、大气环流、海冰范围、海冰体积及其传输等这些海洋和大气分量和过程对温度变化的响应在年内和年际尺度上表现得十分显著。北半球陆地淡水输入北冰洋后，还会改变海洋上层的结构。但目前仍不能定量化描述和预测淡水输入对洋流、海洋层结进而对海-冰-气相互作用的影响。

当前，冰冻圈与大洋环流研究的难题在于未来冰冻圈的淡水释放通量的预估，以及对大洋环流的扰动尚不能定量化预估，其中在北大西洋地区最受世人关注；在南极地区，下沉的底层水也是受关注的重要水团，极地下沉淡水不但对驱动大洋环流很重要，也对回答底层水是否变暖这一重要科学难题非常关键。此外，两极下沉冷水携带海洋吸收的碳下沉，是海洋碳循环研究的热点区域。

（三）北冰洋海冰变化与冰-气动量交换的关系

一般认为，北极地区海冰范围的减少主要是由全球气候变暖引起的。然而，也有研究表明，北极海冰迅速减少的主要原因是当地强风的吹动，温度升高也是原因之一。冰-气之间的动量交换主要体现在海冰受潮流和风的驱动上，在风、浪、流的共同作用下，海冰运动场非均匀性引起的形变、破碎和堆积。

通过对自 1979 年以来逐年北极风强度及强弱转换时间与海冰范围的分析，北极风表现强劲的时间和北极海冰锐减的时间相吻合。研究发现，北极风在风势较强时，大量海冰被吹向了北大西洋海域。这项工作体现了动量交换对海冰变化的作用。海冰进入较暖的北大西洋海域，会改变海洋的盐度和温度，进而影响大洋环流，也会影响海洋生态系统。冰-气-海动量相互作用的典型实例是在近海形成的冰间湖。冰间湖是在极区近海在连续海冰覆盖区形成的不冻结水域，其甚至在-50℃的环境中也可存在，主要是由于海洋动力作用将深海较暖的水带到表层而形成。

海冰夹在下伏海洋和上浮大气两个流体之间，大大减弱了两种流体之间的动量交换。海冰的季节预测和长期预估也由于难于刻画海洋与大气热力和动力同时作用于海冰而存在很大的不确定性。目前，即使使用多模式集成，其结果也难于重现历史海冰变化，更难以预测未来海冰变化。随着北极快速变暖及海冰的快速变化，极地动量和热量变化在圈层相互作用下将更加复杂，进而会导致哪些天气、气候、生态和链生灾害需要密切关注和加强研究。

四、冰冻圈的海平面效应

（一）冰盖稳定性与全球及区域海平面变化

冰盖变化是近百年海平面上升的主要贡献之一。如果格陵兰冰盖和西南极冰盖全部融化，海平面将分别上升约 7m 和 3～5m，因此即使冰盖少量的冰量损失，也会对海平面变化产生实质性影响。近期极地冰量的加速损失已经弥补了由海洋热膨胀减缓对海平面上升的贡献，并使海平面几乎以相同的速率持续上升。GRACE 卫星数据显示，2003～2010 年格陵兰冰盖和南极冰盖冰量损失显示出显著的增加之势，冰量以 392.8 ± 70.0Gt/a 的速率减少，相当于同期对海平面上升的贡献速率为 1.09 ± 0.19mm/a。尽管估算存在着差异，2003～2010 年冰盖物质损失大约可解释 25% 的海平面上升量（Vaughan et al.，2013）。

格陵兰冰盖和南极冰盖对海平面变化的贡献途径略有不同。格陵兰冰盖物质平衡由其表面物质平衡和流出损失量组成，而南极冰盖物质平衡主要由积累量和以崩解、冰架冰流损失的形式构成，两大冰盖对海平面变化贡献的观测真正开始于有卫星和航空测量的近 20 年。主要有三种技术应用于冰盖测量：物质收支方法、重复测高法和地球重力测量法。1993～2010 年，全球平均海面上升中来自格陵兰冰盖的贡献是每年 0.33 [0.25～0.41] mm，南极冰盖则贡献了每年 0.27 [0.16～0.38] mm。

对极地冰盖物质平衡变化的认识是随着 20 世纪 90 年代以来卫星高度计、重力仪和合成孔径雷达三大卫星技术使用后才产生了飞跃进步的。但是，毕竟观测历史太短、数据量不足，对认识冰盖稳定性与海平面关系仍然是不足的。主要难点是物质平衡的定量化测算与预估，冰盖-冰架系统与海洋相互作用，冰下过程对物质平衡的影响，大气环流和海洋水汽蒸发变化与冰盖物质输入部分的长期变化关系，格陵兰冰盖和南极冰盖的动力不稳定性，冰川均衡代偿作用（GIA）的定量化刻画等方面。

（二）山地冰川变化的海平面效应

全球陆地冰川（山地冰川和小冰帽）变化也是近百年海平面上升的主要贡献之一。全球陆地冰川对全球变暖十分敏感，最近几十年全球范围的冰川退缩，尤其是 20 世纪 90 年代以来的加速退缩十分显著。根据冰川物质平衡研究，已有许多有关冰川消融对海平面上升贡献的估值。研究指出，冰川消融对海平面上升的贡献量，1800～2005 年为 8.4 ± 2.1cm，1895～2005 年为 9.1 ± 2.3cm，自 1800 年以来，估计冰川和冰帽消融对海平面上升的贡献量占观测总量的 35%～50%。这一结果可能偏大，因为地面观测、遥感监测及模拟结果表明，1993～2010 年，冰川和冰帽对海平面上升的贡献量约为观测到的海平面上升量的 30%，而这一时期是冰川加速消融期。

权威的有关山地冰川变化对海平面上升影响的评估也来自 IPCC 评估报告（Vaughan et al.，2013）：对于山地冰川，2003～2009 年所有冰川（包括两大冰盖周边的冰川）对海平面上升的贡献量为 0.71 [0.64～0.79] mm/a。由于在实际计算中有时难于将两个冰盖周围的冰川与冰盖的贡献分离开来，因此，在不考虑两大冰盖周围冰川的情况下，全球冰川对海平面上升的贡献量为 0.54 [0.47～0.61] mm/a（1901～1990 年）、0.62 [0.25～0.99] mm/a（1971～2009 年）、0.76 [0.39～1.13]mm/a（1993～2009 年）及 0.83 [0.46～1.20] mm/a（2005～2009 年）。

由于冰川编目尤其是冰川厚度数据还很匮乏，加上当代冰川动力学模型尚难以刻画大范围流域和区域冰川变化，因此山地冰川对海平面上升的未来贡献尚存在一些不确定性。一些特定区域如喀喇昆仑地区、阿拉斯加地区等的大气环流变化对冰川的物质输入部分即积累率产生重要影响，因而对计算和预估冰川物质平衡带来难度。冰川是气候的产物，未来区域气候预估的不确定性也带来了冰川冰量变化预估的不确定性。

五、冰冻圈分量模式及其在地球系统模式中的耦合

冰冻圈分量模式是地球系统模式中的重要组成部分。冰冻圈分量模式主要包括冰川物质平衡模式、冰盖动力学模式、积雪模式、海冰模式和河湖冰模式、冻土模式等。

（一）冰川物质平衡模式与冰盖动力学模式

目前常用的冰川消融模型主要有两类：基于物理过程的能量平衡模型和基于经验统计的温度指数型模型。

能量平衡模型利用能量平衡原理，观测和计算冰川表面能量收支各分量，最后获得冰川消融耗热，从而模拟出冰川消融量。冰川表面能量平衡模型建立了冰川与大气之间的联系，描述了冰川消融的物理过程。

能量平衡模型基于物理过程，因此在理论上具备更高的模拟精度，但在实际应用中存在诸多不确定性。比如，因冰川的净辐射通量观测数据很少，其各分量需通过参数化确定，但由于山区坡度、方位等因素影响，冰面辐射通量具有较强的时空不均匀性（散射辐射在很大程度上受大气状况条件影响，同时后向散射辐射对冰雪反射率也有较大的依赖），从而产生较大的误差。而且在很多情况下，在计算单点辐射平衡过程中，无法区分直接辐射和散射辐射之间的比重关系，需应用经验公式来估算总辐射量。虽然根据数字高程模型，可以在大尺度上建立分布式辐射模型，但此类模型较为复杂，且需估算不同大气衰减参数和不同海拔处的水蒸气分布（通常不可知）。

作为模拟消融过程的一个关键参数，冰雪反照率对消融模型的影响很大。一方面，夏季降雪可显著增加反照率，使得消融量和径流量显著减少；另一方

面，反照率的小范围空间变化可导致大范围内冰川消融的变化。而且，反照率本身也受天气影响。比如，在阴天，云会优先吸收近红外辐射，导致可见光比重增大，从而使得反照率增加。然而，对反照率的模拟比较困难。普遍认为雪的反照率与其晶体大小有关。一般雪的反照率会随其降落后时间推移而减小，可根据雪深、雪密度、太阳高度和气温等参数模拟。不同于雪，关于冰的反照率研究较少。通常冰的反照率被当作是一个时空均匀的常数。

从 20 世纪末开始，基于 Monin-Obukhov 理论，整体空气动力学法被广泛应用在冰川表面湍流通量计算中。只需要一层气温、风速和湿度，就可以计算冰川表面的感热和潜热通量。

温度指数型模型是一描述冰面消融和气温关系的经验公式。相较于能量平衡模型，温度指数型模型所需参数少，便于空间插值，因此应用广泛。同时，因气温和能量平衡中各分量具有较高的相关性，温度指数型模型往往比较可靠。在流域尺度上，温度指数型模型可以输出与能量平衡模型相近的结果。度日模型是最常见的温度指数型模型。

度日因子具有明显的时空分布不均匀性。一般而言，冰和雪的度日因子变化范围分别为 6.6～20.0mm/（d · K）和 2.5～11.6mm/（d · K）。因雪的反照率比冰的大，消融强度更小，其度日因子一般也相应地更小。与能量平衡模型类似，度日模型同样以实地观测为支撑。度日因子数值需通过实地观测获取。总体而言，较高的感热通量比重会导致较小的度日因子。比如，由于高气温和风速，格陵兰冰盖低海拔处感热通量比重较高，度日因子值也较低。由于存在较大的涡动通量，海洋性冰川更有可能比大陆性冰川具备更小的度日因子值。在高海拔和高辐射地区，冰的升华作用更大，同样也可导致更小的度日因子值。目前普遍认为度日因子会随着海拔升高、直接太阳辐射增强及反照率降低而增加。度日因子还有可能依赖于气温。低气温可引起较高的度日因子值。度日因子在空间上呈现出较大的变化特征，也显示出一定的季节变化。

冰盖动力学模式自 20 世纪 50 年代开始起步。在研究之初，人们仅对最简单的情形，即板状（slab）冰川的层流速度分布进行研究。对冰内温度场的研究也比较简单，基本上是一维情形，且仅涉及冰盖。随着计算技术的进步，自 20 世纪 70 年代，冰流模拟快速发展。人们开始模拟冰川系统的动力特征及其达到稳定状态下的动力响应过程。在 1976 年出现了第一个基于浅冰近似假设的三维冰流模型。与此同时，人们开始尝试将冰流模型和冰温模型进行耦合，在 1977 年出现了第一个格陵兰冰盖的热动力耦合模型。几年以后，为模拟冰架的流动，浅层冰架近似（shallow shelf approximation）模型开始出现，此模型目前仍被广泛使用。与此同时，人们开始将冰盖模型的研究成果应用至冰川上，如基于浅冰近似的流线型模型，结合冰川末端的历史进退变化资料，模拟了挪威的 Nigardsbreen 冰川的变化特征。

浅冰近似模型具有诸多局限性，如其不考虑纵向应力梯度（longitudinal stress gradient），将导致在地形起伏剧烈处模拟能力欠佳。因此，人们在浅冰近似模型的基础上前进一步，在垂直方向上忽略了垂直剪应力的水平变化，加入了纵向应力梯度分量，发展了具有一阶 / 高阶近似精度的三维冰流模型。一阶 / 高阶近似模型在相当程度上提升了冰流模型的模拟水平。相对于浅冰近似模型，一阶 / 高阶近似模型更加胜任细致的问题。例如，其可以模拟冰川的流速场和应力场，并与实地的冰裂隙位置进行对比。当然，也可以通过适当的参数化方案提升浅冰近似模型的模拟能力，如可在二维浅冰近似模型中引入适当的因子来参数化纵向应力梯度。

冰可以由 Stokes 模型近似描述。无论是浅冰近似模型还是一阶 / 高阶近似模型，都是在不同程度上对 Stokes 模型的近似。因此，随着计算能力的不断提升，人们开始尝试直接用 Stokes 模型进行模拟。第一个 Stokes 模型可以追溯到 20 世纪 90 年代。但直到 21 世纪初，Stokes 模型的应用才逐渐开始广泛。虽然构建难度大，但 Stokes 模型具有强大的模拟能力。比如，可以模拟存在空穴时的基于库仑摩擦定律的冰川底部滑动特征，也可以用来研究冰川流动对底部热通量的敏感性，等等。目前 Stokes 模型已经被应用至极地冰盖的具体研究中，这也是未来冰盖模拟的主流方向。

（二）积雪模式

积雪模型按照复杂程度可大致分为三类。第一类模型是利用相对简单的强迫-恢复（force-restore）法，模拟积雪-土壤复合层的温度变化，或者利用相对简单的一层积雪模型把积雪的热力学性质和热通量同土壤的热力学性质和热通量区分开来。早期的基于能量平衡的积雪消融模型将积雪作为均匀的一层考虑，比较简单。

第二类模型是所谓的从物理基础出发的复杂精细模型，仔细地考虑了积雪内部的质量、能量平衡及雪面与大气的相互作用，如 SNICAR 和 SNOWPACK 等。这类模型都对积雪内部的三相变化作用、积雪内部液态水的运动、积雪的压实及雪粒的尺度成长等均做了十分精细的描述。由于这些复杂精细的模型中的大多数分层多而且细，因而在计算中需耗费很多计算机时，并不适合大尺度水文和气候研究的需要。不过，积雪物理过程及相关的参数化方案为发展适用于全球气候模型（GCM）研究目的的雪面模型提供了良好的认识基础和发展方向。

第三类模型是所谓基于物理过程的中等复杂模型。它们利用相对简化的参数化方案去描述复杂精细模型中最重要的物理过程，并利用较少的分层来求解积雪内部过程和各物理量的变化。自 20 世纪 90 年代以来，此类中度复杂的多层积雪模型（通常为2～5层）逐渐涌现并得到了长足的发展。用于气候研究的一维积雪模式，虽然在质量及能量平衡概念的基础上包括了较详细的三相变化及运动的详细描述，以及其他一些复杂的物理过程，而且分层也多于 3 层，但是该模型提出的简化而有效的液态水方案，对于处理融水的运动（出流、入渗及径流）很有借鉴意义。此类多层积雪模型可较好地考虑积雪内部物理过程，有明确的物理基础，计算量可接受，在当前的水文和气候模型中被广泛采用，如 Community Land Model（CLM）、WEB-DHM-S 等。

（三）海冰模式与河湖冰模式

海冰模式主要包括反照率正反馈效应、盐析作用和对海洋深对流的调制作用等重要过程。从 20 世纪 90 年代起，随着拥有大气、海洋、陆地三圈层的耦合模式形成，海冰也逐渐作为一个单独的分量或作为海洋模式的一个子模块出现在耦合模式中。最初的海冰模式仅有成冰与融冰的简单热力学过程，而并未考虑水平平流、流变学等动力因素。这种简单模型也常见于单独海洋模式的调试中。随着计算能力的增强、流变学及相关数值算法的发展，现代气候系统模式中的海冰模式均含有热力与动力过程，其中热力过程主要包括温度（或焓）模拟、盐度模拟、积雪与融池过程、短波反照率方案、短波穿透、边界层热量通量交换等部分。动力过程则主要包括海冰流体变形学（rheology）、边界层动量交换、海冰成脊（ridging & rafting）、平流等过程。

海冰模式中的主要预报变量为海冰的厚度分布（Ice Thickness Distribution，ITD）、热容量（焓，enthalpy）、速度、积雪厚度与热容等，此外，由于设置不同，比较复杂的模式还预报盐度、积雪分布、融池分布等。目前在耦合气候系统模式中，如 CMIP5（Coupled Model Intercomparison Project，Phase 5）主流分辨率为 0.5°～1°，其水平网格往往与相耦合的海洋分量模式相同，往往采用转置网格或三极点网格以回避北极奇点，并且均具备上述的动力与热力过程。对于预报模式或极区区域模式而言，水平分辨率可达到 0.1° 甚至更高。垂直方向上，一般通过将海冰厚度离散化为几个厚度范围（即传统意义下的 bin 方案），同时在各厚度范围内分别发展厚度分布，依照热力和动力过程使其相互转化。气候系统模式中一般选择五类或更多的厚度类型 。

海冰厚度的预报方程主要考虑平流过程、热力过程和动力学成脊过程对次网格厚度分布的作用。其中与厚度及各状态量相关的热力过程主要包括边界层热量交换、反照率、短波穿透、盐度方案，温度扩散方案，侧向融化 / 生长方案。其中，海气边界的热量交换是成冰的物理基础，其也会影响海冰的垂直生长和消融。

海冰表面辐射平衡主要包括从大气进入海冰内部的能量及辐射通量，主要由感热、潜热、向下和向上的长波辐射平衡，以及由反照率和穿透率主导的短波辐射平衡过程决定。现阶段主流的反照率方案（如 CCSM3）均包含积雪、融池、裸露冰面对反照率的影响。短波穿透方案主要决定短波在冰内部的热量分配，常见的短波穿透方案包括基于 Beer’s Law 的简单指数递减方案或基于 Delta-Eddington 的复杂散射模型。盐度方案则主要模拟海冰中盐分的析出过程，盐度及其发展受温度的影响较大，同时也会影响热传导率、多孔性（porosity）等。简单的垂直盐度廓线方案忽略盐度随时间变化的特性，现正为更复杂的时间发展方案所代替。侧向融化 / 生长方案主要模拟在给定的厚度分布和密集度及浮冰尺寸分布的情况下，侧向（即在冰间和冰缘区域）的融化 / 生长过程，这个方案现阶段主要受制于对浮冰尺寸观测有限等现实。例如，目前应用于模式的观测往往来自北极区域，对南大洋并不一定适用，因而也是未来改进的方面之一。

近几年来，热力过程相关参数化研究主要的发展趋势表现在：①如何更真实地描述积雪及其对辐射的影响（包括风如何重分配积雪、干雪湿雪的反照率特征等）；②融池及其厚度的精确刻画，使其正确反映对辐射的正反馈作用；③动态盐度方案，影响析盐过程及海洋边界层，影响内部热传导率和消光性质；④浮冰大小分布，影响侧向生长与消融，进一步可通过影响冰间水道内的热量收支以调制海气相互作用；⑤更准确的边界层过程，主要包括动量和热量输入及其与海冰表面特征的关系。这些也是国际主流的海冰模式如 CICE（Los Alamos Sea Ice Model）、LIM（Louvain-la-Neuve Sea Ice Model）等在现阶段集中精力重点发展的主要方面。

海冰的动力学过程主要刻画海冰在碰撞和挤压过程中的动力特性，以及在不同应力作用下如何产生厚冰（即成脊过程）。海冰成脊过程由于非线性较强、直接计算量很大，一般是基于海冰脊的厚度观测设计参数化方案来处理的，因而具有较大的不确定性。当前的气候系统模式中，由于 EVP（Elastic Viscous Plastic）方案实现简单、效率比较高，因而广泛流行，CMIP5 模式中九成以上均采用了此方案。但 EVP 方案其收敛性和正确性取决于虚假的弹性波发展项是否能有效收敛，这要求发展方程的时间步长足够小，其在高分辨率情况下所引入的较高的计算量不可忽视。与基于流变学模型的动量方程不同，海冰动力成脊过程则主要通过参数化的方式处理，即基于对海冰冰脊的统计观测（如脊厚度分布）、通过调整预报变量海冰厚度分布（即 ITD）以反映海冰挤压和剪切过程中生成的冰脊。目前在海冰动力学方面也存在一系列科学前沿，如高分辨率海冰模式中的流变学及其求解方案，如何设计更为合理的海冰成脊方案，等等。在高分辨率下（10km 或更高），海冰动力模型中诸如海冰为连续介质等假设将受到挑战，某些重要动力学特征如冰间水道的刻画、流变学的各向异性等将凸显，这是当前高分辨率海冰模式，尤其是预报业务模式亟须解决的科学与建模问题。

在河湖冰模式中，河冰、湖冰的生消过程主要受热力学支配，涉及气象条件和湖泊、河流自身形态参数。河湖冰模式的核心是对接大气的雪 / 冰表面热平衡模式、雪 / 冰内部热传导模式和冰底面水体热通量模式。由于湖冰和海冰热力学生消过程具有相似性，很多湖冰热力学数值模式均是在海冰热力学数值模式基础上发展而来的。

（四）冻土模式

冻土模式大都基于热传输原理来模拟土壤中的热状态，主要包括精确解模型、经验模型和基于过程的数值模型。近年来，随着多年冻土对气候变化作用认识的逐渐深入，多年冻土与气候关系相关模型得到了越来越多的重视并取得了较快发展，多数模型已被广泛用于预估不同尺度气候状况变化情景下多年冻土热状况的空间变化。

多年冻土模型中土壤的冻结和融化过程极其重要，因此精确解模型在应用中具有局限性。同时在实际状况下，地表温度的季节性变化受到积雪、植被、土壤质地等因素的影响超出了精确解模型的能力。因而，只能通过制定简化假设或通过数值手段来解决复杂问题。对于存在冻融过程土壤，通常把潜热释放和吸收的影响归到土壤热容量中能得到非常好的效果。

统计经验模型通常把多年冻土与地形气候指数（如海拔、坡度和坡向、平均气温或者辐射强度等）联系起来，这类指标通常较易获得，所以这种类型的模型在山地多年冻土区的研究中有着广泛的应用。例如，年平均气温

（MAAT）、年平均地温（MAGT）、雪底温度（BTS）等指标结合数字高程模型（DEM）被广泛用于北半球大范围多年冻土制图及区划等方面。Koutz 等将气温与坡度、坡向建立相关关系并折算成等效纬度形式，计算直射地面的太阳辐射量，据此建立等效纬度模型，常与其他技术如地表覆被、遥感影像等相结合，用于高纬多年冻土的分布模拟。PERMAMAP 和 PERMAKART 模型采用了一个经验的地形指标基于 GIS 框架来估计和获取地形复杂的山地多年冻土空间分布。

近年来，冻土模式发展为通过有限差分或有限元的方法求解一维热传导方程来模拟垂直方向上土壤温度剖面。相较于精确解模型，数值模型有着更好的灵活性，能够较好地解决时间上和空间上的异质性问题，但会较为依赖于土壤的物质组成和初始状态资料。冻土数值模型的上边界条件可以有不同的形式，如温度可以是直接的地表温度或者是冻结数，而地表能量平衡模型通常利用辐射平衡及用空气动力学理论分割得到的感热和潜热通量。

由于冻土物理过程的复杂性和特殊性，早期的 GCM 没有涉及冻融过程。近年来，陆面过程模式中冻土参数化方案取得了许多进展。例如，基于土壤基质势和温度的最大可能的未冻水含量方案已经获得了广泛认可和应用。另外，目前的陆面过程模型中土壤分层依然较少且模拟深度多数小于 10m，对于地下状况考虑粗糙很难准确反映多年冻土的过程。用于区域或大陆范围的多年冻土分布模型通常会以 GCM 或 RCM 的输出数据作为输入或驱动数据，以模拟多年冻土在未来气候情景下的变化情况。

在冻土陆面参数化方面，针对冻土-大气感热和潜热能量交换过程，冻土的导热率、热容、热扩散系数、地表粗糙度、波文比、反照率等均需要进行参数化处理。有些参数还需要考虑冻结、融化不同的相变过程。例如，对于导热率来说，冻结过程和融化过程存在着差异。

（五）冰冻圈分量模式在地球系统模式中的耦合

在目前的地球系统模式中，海冰模式已经作为一个独立的分量模式实现了与大气模式、海洋模式、陆面模式的全耦合。积雪模式、冻土模式和河湖冰模式一般作为陆面模式中的重要组成部分。冰川模式和冰盖模式仍在发展之中，尚未实现与地球系统模式的在线耦合。冰冻圈分量模式在地球系统模式中的地位如图 3-3 所示。

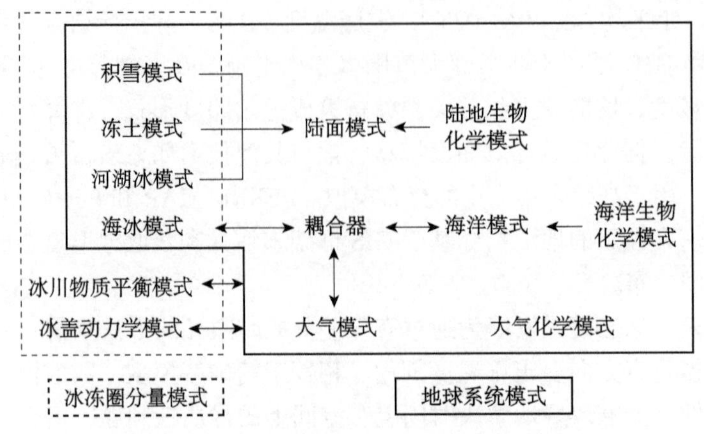

图 3-3 冰冻圈分量模式在地球系统模式中的地位

注：图中实线框表示地球系统模式，虚线框表示冰冻圈分量模式，实线单箭头表示单向耦合，实线双箭头表示双向在线耦合，虚线双箭头表示离线耦合

第二节 未来10年发展目标

一、冰冻圈在气候系统模式中的精细化描述

目前，全球和区域气候系统模式在处理冰冻圈物理过程方面还较为粗糙，尤其是在气候系统模式中如何考虑冰冻圈不同分量和要素作用的时空尺度，可能是在今后相当长的一段时期内最为重要的发展方向之一。突破这种限制的关键是深化对冰冻圈变化过程与机理的定量研究水平，真正发展起能够较好地描述冰冻圈各要素物理过程、体现不同时间与空间变化过程的所谓冰冻圈陆面过程模型，并使之与气候模式有机耦合。然而，由于冰冻圈变化过程与机理研究自身还在深化认识过程中，这一目标的实现显然还需要时日。目前，一方面，需要加强冰冻圈陆面过程模式的研究；另一方面，在气候模式研究中随着对冰冻圈过程与机理认识的不断深化，加强和改进冰冻圈物理过程参数化向精细化方向迈进，是亟待解决的问题。

能量和水分交换是冰冻圈对气候变化响应与反馈的唯一途径，冰冻圈陆面过程模型是气候模拟系统的重要组成部分。高纬度冰冻圈尺度较大，有调控全球气候系统的作用。目前，尽管对冰冻圈的处理还较简单，但在气候模拟系统中已经有较多冰冻圈参数化处理方案。高海拔冰冻圈尺度较小，以分散的或局部的分布为主，同时空间变异性较大，影响到与人类生存环境密切相关的局地和区域的气候、生态和水资源等。因此，发展具有冰冻圈陆面过程模型的区域气候模拟系统和水文模型，是深入理解冰冻圈水热过程及环境效应的关键。

目前的气候系统模式中，有关冰冻圈物理过程的参数化方案还不够精细，诸多物理过程的参数化方案过于理想化。在现有的全球气候模式和区域气候模式中，对积雪过程参数化的描述不够精细，对冻土过程参数化的描述更为粗糙，水、热参数缺乏，多以均一下垫面处理或仅考虑地表温度，甚至很多模式尚未包括冻土物理过程，从而无法较好地研究积雪和冻土对气候变化影响的物理机制。目前，几乎所有的海冰模式及气候系统模式对海冰盐度的处理都非常简单，要么为常数，要么为一条固定曲线（顶部小，底部大），且盐度不随时间变化。参加 IPCC 第四次评估的海冰模式，绝大部分只考虑热力学，尚未包括海冰动力学。几乎所有模式都采用固定冰盖，没有考虑冰盖动力学过程。

在当前和未来相当长的一段时期，国际上气候系统模式的发展趋势就是改进和完善冰冻圈-气候相互作用物理过程，以加强模式的参数化研究和发展陆面过程模式，特别是陆面过程的反馈作用及其与大气环流模式的耦合研究等。

为实现冰冻圈过程与全球和区域气候系统模式的耦合，必须在把大量观测结果的分析研究和参数化改进结合起来的同时，重点要将冰冻圈各要素能量、水分和物质变化同步考虑，解决冰冻圈非线性物理过程在耦合气候系统模式中的制约问题，才能取得实质性进展。

二、冰冻圈要素对气候变化响应的定量化研究

（一）多源观测信息的同化

用于冰冻圈预估的气候系统模式和地球系统模式需要利用空间和时间足够充分的观测资料进行约束和评估，但在 20 世纪 70 年代发展起来的卫星观测技术手段之前，对冰冻圈许多要素的系统性观测数据非常缺乏；即使在目前，由于冰冻圈一般处于高纬度和高海拔地区，远离人居，因此对冰冻圈各分量的某些要素的观测依然空白，覆盖度、准确率和精确性问题依然较为严重，很难量化全球和区域相关要素或指标的长期趋势和短期变率。

（二）冰冻圈过程和机理认识及其参数化

冰冻圈内部及与其他圈层相互作用方面，仍然存在冰冻圈过程和机理认识方面认识不足问题。例如，多年冻土活动层水热过程、冰架与海洋相互作用及其对冰盖动力学影响、冰川和冰盖水文系统对其动力及热力特征的影响、冰川与冰盖底部冰-岩界面及其快速活动/跃动、海冰对洋流/大气热力和动力学复合响应、冻土碳源汇转换与气候变化的定量关系等。在这个研究方向，应突出水热过程和动力响应参数化在气候模式中的关键作用。

（三）气候系统/地球系统模式与冰冻圈模拟

冰冻圈分量模式的模拟能力需进一步改进。例如，冰冻圈分量模式中包含的气候系统要素不完备，依靠目前的模式还不能分析造成南极冰盖和格陵兰冰盖发生的巨大、迅速、动力变化的关键过程，模式分辨率的限制依然是研究区域气候变化及其归因的制约因素之一，模式模拟内部气候变率的不确定性仍然制约着归因研究的某些方面。

第三节　关键科学问题

本书主要从两个方面认识冰冻圈与气候系统的关键科学问题。

一、不同时空尺度气候系统与冰冻圈的相互作用与反馈

（一）全球尺度上冰冻圈变化在气候变化中的作用

从大尺度看，作为气候系统圈层之一的冰冻圈，其变化显著，从影响全球能量平衡、海平面和碳循环的角度来看，冰冻圈是重要的气候系统内部变量。两极海冰、北半球积雪和北半球中高纬度冻土水热变化如何影响半球乃至全球气候格局？全球山地冰川、南极冰盖和格陵兰冰盖对未来海平面产生何种程度的影响？全球冻土碳库的潜在气候效应如何？冰冻圈变化产生的上述结果反过来又会对冰冻圈自身产生怎样的反馈作用？这些都是全球尺度上的关键科学问题。

（二）全球气候变化影响冰冻圈变化的区域降尺度问题

冰冻圈的分布不连续，冰冻圈变化产生的社会经济影响往往需要从区域

乃至流域尺度上加深理解和预测。因此，全球气候变化参数的降尺度问题对区域冰冻圈变化预估非常重要，也是关键的科学难题。尤其是，高海拔山区和极端偏远地区冰冻圈由于台站稀疏、缺少观测验证和修订参照，降尺度问题是研究气候变化与冰冻圈响应的“瓶颈”问题。

（三）不同时间尺度上，冰冻圈对气候系统的影响及气候系统对冰冻圈的反馈作用

由于冰冻圈不同要素响应气候变化的灵敏度不同，从数小时乃至万年尺度均有。如何分离和定量刻画不同要素的各自作用，从而在气候系统模式和地球系统模式中客观表达，也是目前存在的关键问题。

二、冰冻圈快速变化对气候系统影响的定量辨识

未来 10 年，冰冻圈可能面临快速萎缩的问题，因此需要研究两方面的气候影响。

（一）北冰洋海冰和北半球积雪快速消退的气候效应

北冰洋海冰和北半球积雪是变化最为快速的冰冻圈要素和区域。其快速变化的独立气候效应和复合气候效应如何？尤其与极端天气、气候的关联性怎样？是未来 10 年重点关注的热点之一。

（二）青藏高原冰冻圈变化的气候效应

作为东亚季风区高海拔冰冻圈分布的关键区，青藏高原冰冻圈变化是影响高原热力变化的关键地表要素。需要定量描述可预估未来高原冰冻圈变化条件下，高原大气热力变化及其气候效应。

第四节　重要研究方向

一、冰冻圈分量模式与地球系统模式的耦合

充分利用针对冰冻圈变化物理过程观测结果的分析研究，发展改进冰冻圈分量模式（包括冰川物质平衡模式、冰盖动力学模式、冻土模式、积雪模式、海冰模式和河湖冰模式等）及其参数化方案；在适宜的地球系统模式或

地球模拟器上，逐步实现冰冻圈全分量模式与地球系统模式的耦合。可以采取先离线耦合、后在线耦合的步骤开展。最终建立具有合理刻画冰冻圈要素的地球系统模式；并重点解决冰冻圈物理过程的计算方法问题，进而利用耦合冰冻圈过程的气候系统模式，开展冰冻圈分量对全球和区域气候变化作用的数值模拟。

二、冰冻圈同化系统研发

发展全球冰冻圈同化系统。以大气再分析资料作为驱动，合理利用各种不同精度的多源冰冻圈非常规资料使其与常规观测资料融合为有机的整体，为冰冻圈数值模拟与预报预估提供更好的初始场；综合利用不同时次的观测资料，将这些资料中所包含的时间演变信息转化为全球冰冻圈各分量（山地冰川、积雪和冻土等）的空间分布状况，应具有质量控制好、变量全、空间覆盖区域广、时间跨度长、时空分辨率高等特点，为研究冰冻圈演化特征提供资料分析基础。青藏高原作为冰冻圈的特殊单元，以及中国重要的冰冻圈地区，应该发展更加精细的区域冰冻圈同化系统。

三、冰冻圈对全球海平面变化的影响预估

（一）南极冰盖和格陵兰冰盖动力不稳定性研究对全球和区域海平面变化预估的重要性

南极冰盖和格陵兰冰盖是全球海平面变化的最大影响因素。自 20 世纪 90 年代以来，高度计、重力卫星和合成孔径雷达广泛应用于两大冰盖的监测，大大提高了对其物质平衡变化的计算精度，大大提高了冰盖-海平面关系的认知水平。IPCC 第五次评估报告无论是对过去 20 年冰盖对全球海平面变化的贡献估计，还是对未来海平面变化的贡献估计，不确定性仍然很大（Vaughan et al., 2013）。原因就在于对冰盖内部动力机制及冰盖与大气、海洋、基岩界面过程的认识不足，影响到对未来海平面变化的正确预估。建议未来加强如下研究：①加强冰盖动力学研究，构建多种冰盖动力学模型并持续开展全球比对；②加强冰盖与其他圈层相互作用监测与模拟研究，主要是冰架 / 海洋相互作用、冰盖 / 大气相互作用、冰盖 / 基岩相互作用及冰下科学研究。

（二）山地冰川的冰量估算与全球冰量变化预估

全球山地冰川的数量和面积变化已经有较为准确的编目统计，最大的挑战

是冰量及其变化。未来应该重点发展全球山地冰川的冰量监测与估算方法，使不同方法得到的冰量及其变化估算值尽可能相互接近。此外，还应发展区域至全球尺度山地冰川对气候的响应模型，预估在未来不同情景下冰川影响气候变化的冰量变化。此外，在全球变暖背景下，多年冻土融化的水量有多少会参与到当前的全球水循环中，从而对海平面有影响，也是应该关注的方面。

四、北半球高纬度冰冻圈快速变化与中低纬度极端天气、气候之间的关联

全球变暖的一个显著效应是北半球高纬度冰冻圈的快速变化，表现为北极海冰快速消退，北半球积雪范围持续缩小及环北极多年冻土升温。这无疑是北极升温速率大大高于全球平均值所致，同时因为雪冰对气候的正反馈作用，反过来也很可能是北极快速升温的原因。问题在于，高北极地区的这种快速变化的后果如何？除了对北极自身产生影响外，其气候、环境的外溢效应怎样？这是当今及未来较长时间内国际研究热点。建议开展如下针对性研究：①高北极冰冻圈要素变化的归因研究；②冰冻圈与其他圈层相互作用的气候效应；③北极冰冻圈变化与中低纬度极端天气、气候之间的关联及其可预报性；④北极冰冻圈未来常态情景下（如海冰、积雪夏季常态化小于特定阈值）的中纬度气候“新常态”预估。

五、北极冰冻圈变化预估及北极放大效应

北极变暖速度是全球平均速度的两倍。北极加速升温被称为“北极放大（amplification）效应”。北极放大效应的机制比较复杂，但冰冻圈的正反馈作用被认为是主要的。然而，科学界对冰冻圈在北极放大效应中的定量研究仍存在很大争议。这也影响到未来北极气候预估的准确性问题。因此，在影响北极放大效应诸多因子中，将冰冻圈因子定量分离出来，是冰冻圈与气候关系研究中的一个很好的切入案例，将提升冰冻圈与其他圈层（尤其是大气圈和水圈）相互作用的认知水平，提高模式性能。

六、青藏高原冰冻圈与季风、降水的关系

近年来提出的青藏高原“热泵”原理，是解释季风爆发早晚和季风强度的重要理论突破。如果高原地表热源发生变化，“热泵”效应如何变化？高原地表的重要特征是冰冻圈，如何估算冰冻圈在高原大气热源变化中的作用？以及未来冰冻圈变化情景下，高原冰冻圈对印度季风、东亚季风的影响，这

种影响对中国降水格局的影响，需要加强观测与模拟研究。

七、南极冰冻圈对长期气候变化的响应及其归因研究

南极地区气候变化具有与全球平均气候变化有较大差别的特点，区域冰冻圈的响应也与其他地区有较大差异。例如，海冰范围变化呈现与北极相反趋势，西南极冰盖与东南极冰盖冰量变化迥异。这些变化的驱动机制尚难于完全弄清楚。需要在南极区域环流变化、平流层与对流层相互作用，温室效应、冰盖与海洋相互作用等多角度考察和理解南极冰冻圈变化的关键过程。开发更加合理和先进的数值模型，开展南极海冰变化和冰盖变化的预估和归因研究。

第四章 冰冻圈与生物地球化学循环

在冰冻圈范围内，一切生态系统均不同程度地受到冰冻圈状态与过程的影响，冰冻圈过程在很大程度上主导生态过程。近 15 年来，在极地和青藏高原等冰冻圈核心区的大量研究表明，冰冻圈变化对脆弱的生态系统产生了多方面深刻的影响，其中冰冻圈与生物地球化学循环的变化尤为显著。冰冻圈与生物地球化学循环是冰冻圈与生物圈相互作用的主要途径，其变化是表征冰冻圈对生物圈作用与生物圈反馈方式和程度的重要依据。在全球变化背景下，冰冻圈与生物地球化学循环变化对人类经济社会发展的影响巨大：一方面，冰冻圈蕴藏的大量温室气体的释放，可能对区域乃至全球气候系统产生强烈反馈作用；另一方面，生物生产力变化对区域能水平衡、碳氮平衡等的影响显著，并链生一系列区域环境与资源效应。不同于其他区域，冰冻圈的冻融过程及其伴随的水体相变和温度场变化，对区域生物地球化学循环产生巨大驱动作用，并赋予了其特殊的循环规律及对环境变化的高度敏感性。迫切需要系统解析冰冻圈与生物圈相互作用关系及其对生物地球化学循环的驱动机理，从而准确识别冰冻圈与生物地球化学循环变化的气候及环境反馈影响。因此，在冰冻圈与生物圈密切的相互作用中，生物地球化学循环变化及其影响是国际社会广泛关注的重点领域。

第一节　现状与趋势

一、国内外发展现状

（一）冰冻圈-生物圈相互作用关系与机理

冰冻圈是地球系统极为重要的组成部分。它通过巨大的冷储效应和反照率作用于地表各圈层，并通过存储或调节释放大量的 CH_4 和 CO_2 等温室气体而反馈影响全球气候变化。因此，全球变暖下正在经历剧烈变化的冰冻圈，因其与生物圈间十分密切的相互作用关系，不仅对冰冻圈作用区生态系统本身及其服务功能产生较大影响，而且可能对整个人类社会的可持续发展产生潜在的威胁（AMAP，2011；Vincent et al., 2011）。

积雪变化对植被类型、群落组成及分布等具有较大影响。在北半球高山带和北极地区，积雪厚度、积雪融化时间等不仅决定了植被类型及其群落组成，而且也对植物的生态特性如冠层高度、叶面积指数、物候及生物量等起着关键作用。一般地，积雪变化的生态影响主要集中在以下几个方面：冻害屏蔽与生境维持、水源与食物链、物候与总的初级生产力、物种多样性改变、生态系统养分循环过程变化、动物亚系统的积雪阈值变化与种群退化（Callaghan et al., 2011）。气候变化导致积雪厚度和时间发生改变，如北极总体上积雪厚度增加但积雪时间缩短，从而影响物种多样性与初级生产力，并可能导致一些冰冻圈特有物种消失。生态系统对积雪还具有显著的反馈作用，如植被类型和结构变化将较大幅度改变积雪分布格局、积雪消融及升华等多个过程。由于积雪变化本身存在较大的时空异质性，特别是极端降雪事件发生的频率等因素的影响，以及植被对积雪的反馈影响，积雪与生物圈的相互作用具有复杂的尺度效应和生态系统间的差异性。明确积雪与生态系统之间所具有的互馈作用关系、时空变异规律与机制，准确判识积雪变化对区域生态系统的可能影响程度与范围，一直是积雪生态学领域的前沿问题。

冰川（冰盖）的生态作用主要体现在对冰内微生物系统、极地海洋生态系统及依赖冰川融水生存的其他内陆河道生态系统等的影响。冰川消融通过增加径流，向干旱区或海岸带环境提供更加丰富的淡水、养分或有机碳等物质，从而较大幅度改变下游或海洋生态系统。但这方面的研究尚处于初步探索阶段，缺乏足够的相关数据和研究结果来阐明冰川变化对生态系统的影响方式与程度等问题（Vincent et al., 2011）。在长时间尺度上，冰川的持续退缩将产生新的陆地而促进微生物种群和植被原生演替，有利于形成新的植被覆盖区（Yang et al., 2014）。冰川进退与生态系统演化（植被原生演替）之间的关系及其植物学、生态学和气候学意义，是一个新近产生的交叉学科方向。

湖河冰变化及其生态影响是冰冻圈与生物圈作用的一个十分重要的领域。气候变化显著改变湖河冰封冻与融化时间，融化时间延长有利于增加光合作用，并增加温暖河流携带来的养分。这些影响不仅可以增加湖泊、河水生物量，而且可能促使由原来的单季系统向双季系统演变，但同时也对一些冷水生境的生物产生限制作用（Power et al., 2008）。湖河冰减少使得开放水面增加和时间延长，有利于吸引更多水鸟和其他水生动物迁移，但也会导致温暖地带物种的入侵，并伴随原有冷水生境物种的消失。湖河冰减少及覆盖时间缩短，不仅对河道内部水生生态系统产生正负两方面并存的较大影响，而且对河岸带和河流下游三角洲及洪泛平原生态系统有较大影响。除了以上研究热点外，近年来国际上关注的主要问题还有以下三方面：一是湖河冰覆盖变化导致的湖水和河流水体温度和热力场垂直梯带变化、区域尺度的差异性及其未来演变趋势；二是推进标准化、规范化定位监测与区域联网观测，并与遥感技术密切结合，发展数值预测模型，系统明确河湖冰变化对湖泊与河流淡水生态系统的影响，以及对整个区域陆地和海洋生态系统的链接效应；三是评判生态系统适应河湖冰变化的演化趋势，以及人类社会应对策略（AMAP, 2011)。

近年来，人们已经观测到，海冰退缩和覆盖时间缩短对海洋生态系统产生较大影响。例如，在白令海域，海洋生态系统由原来以底栖海-冰藻类为食物链的鸟类和哺乳动物构成的冰缘生态系统为优势，向以浮游生物与中上层鱼类为优势群落的开放海域生态系统转变，且监测到浮游生物量随海冰退缩而不断增加（Arrigo et al.，2008）。一般而言，海冰变化（主要是减少了多年海冰覆盖而增加了季节性海冰区，融化提前而冻结延后）可大幅度提高光合作用而增加各营养级的生物量，但这种正效应可能被一些负效应所抵消，如淡水径流增加和海冰融化，进一步增强了海水分层，限制了深层营养物与上层和表层水体的混合，从而阻碍了浮游植物的生长。伴随着海冰融化时间提前，大多数海鸟和大型浮游动物的丰度会降低，且有迹象表明这些物种的数量在更加温暖的气候下会进一步衰减（Jenkins et al., 2016）。目前，国际上关注的焦点是如何准确判断海冰变化导致海洋生物优势建群变化的阈值及其发生的可能时间节点（图 4-1）。

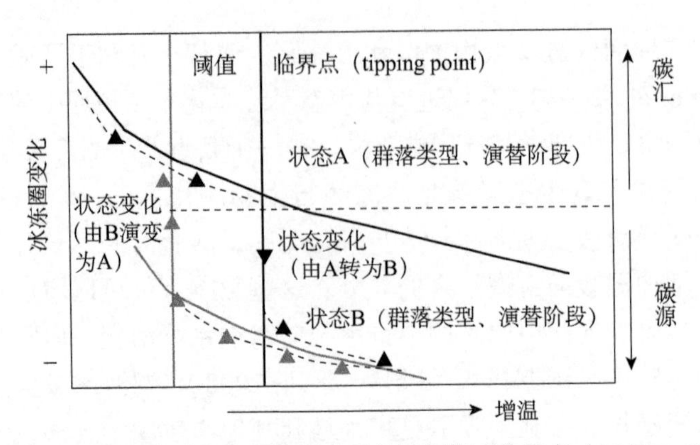

图 4-1　冰冻圈变化对生态系统影响的关键阈值或临界点（AMAP, 2011）

多年冻土与生态系统之间存在十分复杂的相互作用关系，一方面，多年冻土通过对水循环、生物地球化学循环及地貌的巨大影响而制约生态系统类型、分布格局、生产力及生物多样性；另一方面，生态系统类型、结构与分布格局通过改变地表反照率、热量与水分交换、生物地球化学循环过程等，制约多年冻土的形成与发展（Shur and Jorgenson, 2007）。气候变暖带来的冻土退化，导致绝大部分北极苔原区植被覆盖和生物量呈现显著递增趋势。在苔原地带“变绿”的同时，泰加林带则呈现“变黄”趋势，北方森林生态系统在许多地方出现退化，表现为郁闭度和生产力下降（Epstein et al., 2013）。植被物候的改变更是具有普遍性，无论是北极还是青藏高原，均发现较为显著的植物物候改变和生长季延长。但是，在青藏高原多年冻土区，植被响应冻土变化更多依赖于降水条件，在相对干旱的 1960～2000 年，植被覆盖度持续退化，自 2000 年以来随降水增加植被覆盖度显著提高（Wang et al., 2011；王青霞等，2014）。相比植被对多年冻土的作用，多年冻土变化如何并在多大程度上影响或改变生态系统，是近年来全球变化及冰冻圈变化广泛关注的领域。一些研究表明，不仅多年冻土对生态系统的影响存在自身临界范围，如活动层厚度及含冰量等（Wang et al., 2011）；而且多年冻土变化作用下生态系统响应过程存在临界拐点，包括生态系统结构、类型的突变等，如图 4-1 所示的生态系统状态（群落类型、演替阶段等）随多年冻土变化的改变，现阶段聚焦的核心问题是探索植被群落演替模式的冻土环境阈值或临界点。

生态系统生产力和组成结构（物种多样性）是碳氮循环过程重要的组成部分和驱动因素，冰冻圈的变化除了上述对生态系统的直接作用外，还通过改变生态系统之间的物理、生物地球化学及生物作用关系与联结特性等，间接影响生态系统（Vincent et al., 2011）。因此，需要多因素、多层次及多视角探索冰冻圈与生物圈的相互作用关系和机制。

（二）冰冻圈与生物地球化学循环及全球变化

1. 陆地多年冻土区的碳循环

冻土是冰冻圈分布范围广、其生物地球化学循环过程对全球气候与环境反馈影响大的要素。首先，冻土碳库巨大，最新评估结果表明，北半球高纬冻土区土壤碳 3m 内储量达 1024Pg，约占全球 3m 深度土壤有机碳储量的 44%（Tarnocai et al., 2009）。全球范围内高山多年冻土分布面积约为 350 万 km^2，土壤有机碳储量约为 66Pg，其中青藏高原多年冻土分布面积约为 104 万 km^2，2m 深度碳储量为 22～28Pg（Mu et al., 2015）。冻土土壤储存的碳（包括“老碳”）大多属于易变碳，在适宜的温度和水分条件下易于分解，因此，增温背景下冻土土壤碳的微小变化就可能对区域碳循环及碳收支评估产生重要影响。然而，由于诸多困难，数据的代表性始终不能被有效解决，冻土土壤碳库评估的不确定性较大，精确评估仍然是亟待解决的问题。其次，由于冻融作用的影响，在北极多年冻土区部分下层土壤碳含量与表土接近甚至高于表土，下层土壤由冻融作用累积的碳约占整个活动层碳储量的 55%（Bockheim, 2007）。这种分布格局被认为是冻融作用驱动土壤碳向下迁移的结果，且由于在全新世温暖期冻融作用得到增强且促进了土壤碳的深层分布与积累（图 4-2），下层土壤主要分布的是冻土“老碳”；并由此推测在未来增温背景下冻融作用同样会增强，可能促进土壤碳的下层分布进而减缓土壤碳的呼吸损失。

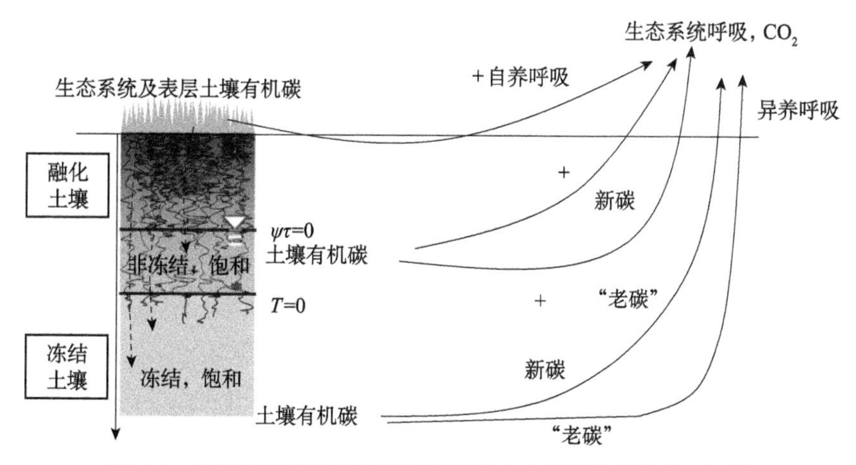

图 4-2　多年冻土碳循环主要环节及其在冻土退化中的核心问题

多年冻土退化对 CO_2 交换过程的影响及机制仍然不甚清楚，取得的一些较为明确的研究成果归纳为：①无论是苔原地带还是北方森林地带，由于受植被生长及土壤、水分条件变化的影响，碳交换过程存在较大的空间异质性。一般在好氧环境下土壤碳排放通量随冻土退化而显著增加，但在厌氧环境下则减少甚至为碳汇（Schuur et al., 2009）。②冻土退化在一些地区可促使植被生产力增加，特别是在热融喀斯特景观地带，植被演替进程（组成、结构和生长速率）影响碳排放通量，由此使得在一定时间内，即便有部分"老碳"参与排放，植被生长吸收的碳可能抵消排放量而成为碳汇；但超过一定时间，"老碳"排放通量超过植被的固碳量而导致该区域成为碳源（Vogel et al., 2009）。湖泊、沼泽、湿地和低洼喀斯特地区等积水的冻土区，是 CH_4 排放的主要场所，而且 CH_4 年排放量的 50% 以上集中在冻结过程。在淹水环境下，冻土退化导致的 CH_4 排放增大能否抵消碳积累，存在较大的空间差异性并依赖评估的时间尺度，同时，近年来大气中 CH_4 增量部分，有多少是来源于多年冻土区冻土退化导致的湿地 CH_4 排放，是目前需要回答的热点问题。

2. 陆地多年冻土区的氮循环

多年冻土区生态系统的氮循环研究较少，由于氧化亚氮（N_2O）具有较高的辐射强迫潜势，近年来对多年冻土区 N_2O 排放的研究成为热点，发现 N_2O 在北极泥炭沼泽区域的排放量很高，在格陵兰东北部高达 34mg N/（$m^2 \cdot d$），与热带森林的释放量相接近（Elberling et al., 2010）。低可利用氮水平、低气温和高土壤含水量的土壤，有利于 N_2O 的吸收，因此，青藏高原高寒草甸（特别是高寒沼泽）和北极低地苔原通常较低的生长季平均气温，较低的氮矿化水平和较高的土壤水分都支持在一定情景下（尤其是降雨）N_2O 的吸收。近年来，一些研究发现气温升高可显著增加多年冻土区 N_2O 的排放，这是由于增温增加了土壤有机质分解和可利用氮的水平，而 N_2O 通量变化又与土壤无机氮含量有关（Zhang et al., 2014）。然而，有些研究也揭示出气候变暖作用下多年冻土区生态系统的氮累积量增加，不仅与生物固氮作用在增温作用下的提高有关，也与增温下土壤氮输出降低或氮循环过程减弱有关（Wang et al., 2012）。因此，对于多年冻土区不同生态系统及其不同水文地理环境下的 N_2O 交换过程，现阶段缺乏可以系统归纳的普适性进展，是未来需要重点关注的领域。

3. 陆地冻土微生物

冻土微生物是冰冻圈或寒区生态系统重要的组成部分，冻土长期存在的未冻水、盐分及有机质等为微生物的繁衍奠定了基础，多年冻结土壤中所包含的盐水细流或盐水晶体（湿寒土）中不冻结的水，以及多年冻土中的冰楔等均可以为盐水细流中微生物的生存提供条件。冻土微生物在冻土生物地球化学循环中起着重要的作用，并在一定程度上可以敏感地指示全球气候变化。冻土微生物多样性丰富，且存在高度空间异质性，不同区域或冻土环境存在不同的微生物群落组成与数量。青藏高原冻土微生物总数高于南极、北极和西伯利亚冻土微生物总数，培养细菌总数低于南极和北极，与西伯利亚相似（胡平等，2012）。冻土微生物多样性与种群结构受多种环境因素如土壤水分、温度、有机质含量及 pH 等的影响。一般来说，冻土地区的土壤微生物主要集中分布在上层 60～100cm 深度，视活动层深度而定。在青藏高原多年冻土高寒草甸区，表层 70cm 深度微生物数量占整个活动层（1.6m）的 70%～86%；在加拿大北部冻原地带的研究发现，不仅活动层、多年冻土面和冻土层内微生物数量不同，自上而下显著减少，而且其群落结构差异也较大（Steven et al., 2008）。

在南北极地区的调查研究表明，多年冻土中所具有的属于不同功能群的微生物类群，大多是厌氧性质的。因此，气候变暖能够在短期内显著地改变冻土区微生物群落结构，显著地提高土壤微生物生物量，微生物的分解作用会使 CO_2、CH_4 等温室气体大量释放，进而影响冻土区生态系统整体的碳收支和养分循环。冻土变化对土壤生物群落结构和功能产生较大作用，直接影响土壤微生物的生长、矿化速率和酶的活性及群落组成；同时，在地下部分碳输入、土壤水分和养分有效性等方面间接地影响土壤微生物群落，后者的变化则通过改变分解速率和 CO_2、CH_4 释放等直接区域和全球碳循环。

4. 冰冻圈变化与极地海洋碳磷循环

北极海岸带的 CH_4 排放主要是通过海洋底部沉积物微生物活动、自然溢出及天然气水合物扰动等途径实现的。近年来，人们逐渐发现了一些海底冻土不稳定变化的证据，如凹坑、泥浆火山、漏斗、烟囱等，另外掩藏的融蚀湖塘和融沉洼地（如最近在东西伯利亚北极大陆架发现的大面积低洼盆地等）等均可能成为海底冻土 CH_4 的释放途径。北极海岸带碳交换主要经过两个碳库：一是通过大陆输入的有机物，在适当的条件下释放碳；二是蕴藏在海底地层（冻土层）的天然气水合物及含 CH_4 液体等。长期以来，北冰洋释放的 CO_2 和 CH_4 并没有被纳入全球或区域碳平衡分析中，仅以拉普杰夫海（北冰洋边海）和东西伯利亚海的有限调查发现，2003～2008 年的 6 年间，

这些海洋 CO_2 排放量就可能高达 4.2～21Tg，几乎与俄罗斯北冰洋海岸带有机物年累积量相接近（Semiletov et al., 2011）。考虑到近年来河流向海洋输入的有机质不断增加，海岸带陆源有机质分解加剧，加之冻土融化导致的上述两种碳库的碳释放量将无疑会进一步增加，对全球碳平衡及其气候反馈影响是未来冰冻圈变化研究迫切需要解决的问题之一。

在南北极地区，海陆间的磷交换是磷循环最为重要的部分。由于气候严酷，岩石风化形成磷的速度低，受人类活动影响输入的磷的量也非常少，海洋动物活动成为极地沿海区域地表磷的主要来源。以南极为例，企鹅、海豹等生物能传递海洋中的营养物质到陆地，这些营养物质是维系南极无冰区生态系统的基础。动物携带与排泄物是海洋向南极无冰区输入营养物质的主要方式。南极阿德雷岛磷的外来营养源包括物理输入、生物输入和大气沉降输入三种。其中，生物输入（企鹅粪）占 94.34%～99.74%，在近海磷循环中起着关键作用。企鹅聚居地，将有超过 11% 循环的磷以鸟粪土的形式保留在陆地，其余以水流和风两种形式输出到近海中（秦先燕等，2013）。

5. 冰冻圈变化与河流径流碳氮输移动态

冰川消融、冻土融化均显著影响冰冻圈河流径流过程，经河流径流输移的生源要素（以碳、氮、磷为主）通量及其动态过程也随之发生较大变化。与流入其他大洋相比，河流搬运到北冰洋的陆源碳是全球平均水平的 10 倍，这就足以说明多年冻土区河流水平排放碳的能力。全球范围内，大部分河流的有机碳输移（OCE）速率与总氮和总磷无关，且在解释 OCE 通量与变化中，水文变量显著优于人类活动因素和土壤因子（Alvarez-Cobelas et al., 2012；Song et al., 2016）。但北极和青藏高原多年冻土区与之不同，河流的 DOC 和 TN 输移通量不仅与径流量和流域面积有关，而且与活动层融化深度呈显著正相关；同时，北极多年冻土流域输移的 DOC 以年轻态为主，表明冻土土壤中的“老碳”尚未大量输移，需要进一步明确河流碳氮输移通量的时空动态、驱动机制及其区域或全球尺度碳氮平衡的作用。

（三）冰冻圈生态系统动态模拟

1. 冰冻圈陆地生态系统模式

冰冻圈陆地生态系统模式主要分为四类：①陆面过程模式（如 CLM、CoLM、SiB 等）；②基于遥感资料的生产力模式（如 Carnegie-Ames-Stanford

Biosphere 和 Vegetation Photosynthesis Model）；③基于生物地球化学过程的模式（如 Terrestrial Ecosystem Model 和 Century Model）等；④动态植被模型（如 Biome、LPJ-DGVM、IBIS 等）。第一类模式对冻土和积雪的物理过程考虑得较为详细和准确，但是使用了简单的参数模拟植被生长过程；第二类模式利用遥感资料结合土壤水热模拟生产力，对冻融过程考虑过于简单，而且不能预估未来；第三类模式对生态过程考虑得较为全面，对冻融过程的考虑有不同复杂程度，但是没有考虑植被类型的动态演替，如灌木在苔原地区的出现；第四类模式对冻融过程考虑得也比较简单，但是能够预估未来变化。

2. 地表环境及其变化对冻融过程影响的模拟

多年冻土的变化不仅受到气候变化的影响，也在很大程度上受到地表植被和土壤变化的影响，植被的生长过程往往在模式中能得到较好的体现；然而在相当长的时期内，陆地生态系统模式使用静态的土壤结构，从而无法精确模拟多年冻土的变化。最近几年出现的动态土壤模式提高了多年冻土的模拟能力。例如，北极苔原地区由于富含地下冰（最多能达 80%），气候变暖会导致地下冰融化，从而形成热融湖塘，当热融湖塘发展到一定深度时，水体下的部分土壤会常年保持非冻结状态。目前部分模式中已经考虑了苔藓层和腐殖质层的水、热属性，也有模式初步考虑了植被生长过程及野火扰动对苔藓层和腐殖质层厚度的影响（Yi et al., 2010），但目前还很难建立精确的火灾影响和腐殖质层动态变化算法。由于青藏高原独特的地理环境，高寒草地生态系统比较脆弱，土层比较薄，砂砾石含量高，植被破坏后侵蚀作用加强，细颗粒土壤流失不仅仅会影响植被生长，还会影响土壤的水、热属性，从而影响多年冻土的动态变化。一般模式基于粉土、黏土和沙土百分比计算得出的土壤水、热属性（如导热率、导水率、水势、孔隙度等），而青藏高原含砂砾石土壤有着不一样的水、热属性，从而难以准确模拟活动层厚度和多年冻土的变化（Yi et al., 2013）。

3. 多年冻土退化对生态过程影响的模拟

多年冻土的退化对土壤水分有着两方面的影响。一方面，多年冻土“隔水板”功能减弱，土壤水变成地下水，表层土壤变干，CLM4.0 在土壤层下添加了地下水库作为一个特殊的土壤层，各层之间进行水分交换，当土壤层中有冰时，土壤的导水率低，通过这种方式模拟了多年冻土退化对土壤水的影响。但是在区域尺度上应用时，难以获取土壤层的厚度，因而难以得出多年冻土退化到什么程度会导致土壤水进入地下水，因而还有很大的不确定性。另一方面，地下冰融化，地表下陷，形成热融湖塘。热融湖塘的形成和发展有利于湿生植物和水生植物的生长，但目前大部分研究更关注热融湖塘下的融化夹层对碳排放的影响，对植被生长模拟的关注不足。

4. 多年冻土退化对碳排放影响的模拟

气候变暖、多年冻土的退化会增强微生物活动和碳的降解，增加大气中温室气体的含量，因而形成一个正反馈。最近以耦合的多年冻土碳和气候模式模拟表明，在2100年前有68～508Pg碳将会从多年冻土中释放到大气中（MacDougall et al., 2012）。但是还存在着大量的不确定性。首先，多年冻土中的碳储量有着很大的空间差异，多年冻土中能够受到微生物作用降解的碳的数量，以及以什么样的速率降解还不明确；其次，外界扰动会改变植被和表层土壤，从而改变多年冻土响应气候变暖的速率，但是诸如热融湖塘、森林野火及侵蚀等过程都发生在比较小的空间尺度，进行次网格参数化是一大难点。

二、未来发展趋势

（一）冰冻圈变化对生态系统的影响与机理

1. 冰冻圈与陆地生态系统

多年冻土变化对陆地生态系统的影响十分广泛而深刻，但二者间的相互作用关系十分复杂。现阶段尽管认识到冻土退化对生态系统影响的诸多现象与后果，但其作用机理与可量化的方法仍然是未来需要深入探索的问题。这一问题的最大制约瓶颈是相关观测数据匮乏，需要在过去单纯以冻土温度和水分等要素观测基础上，嵌套生态系统关键要素的观测，形成冻土、水文、生态一体化观测体系。明确原有生态系统随冻土退化出现类型更替、结构改变或严重退化等显著变化节点的阈值，以及极端事件（极端高温和干旱等）扰动的生态系统响应阈限，这既是制定科学应对和适应变化对策的重要科学依据，也是发展冰冻圈生态模型与陆面过程模型的重要基础（Smith et al., 2010）；另外，冻土模型、生态演替模型及冻土水文模型的发展均需要综合冻土、水文、地下冰、热量及生态系统演化等诸要素的耦合作用，以提升模型的识别能力，以及对大气-冰冻圈耦合作用关系与机制的认识（王根绪和张寅生，2016）。

不同生态系统响应积雪变化的幅度、方式和适应策略等不同，如何准确评估不同积雪变化对不同尺度生态系统的影响、明确空间差异性的形成机制，需要进一步深化和广泛开展不同积雪变化情景下，对不同类型生态系统的影响与机理研究。对不同植被参数化方案的积雪模型的对比研究发现，一些关键过程的参数化要么没有考虑，要么基于特定观测点数据。另外，一些驱动分布式积雪模型的关键变量如积雪性质与时间、降水相态及辐射等缺乏有效的参数化方案。为此，未来需要发展基于积雪-植被密切互馈作用机制的新一代积雪-植被关系模型，以获得较为准确的积雪分布与变化、生态与水循环效应等方面的科学认知。积雪变化引起的另一个问题是伴随气候和植被覆盖变化（包括生长季、覆盖度与植被类型）的协同作用，区域或流域尺度的水均衡变化及其水文和生态反馈效应（王根绪和张寅生，2016）。例如，北方森林带大面积取代灌丛植被，阔叶林取代针叶林，以及森林植被生长季提前等消耗水分与同期降水量变化的综合分析，需要明确对区域流域径流、土壤水分动态及生态过程等的影响。

在陆地淡水生态系统方面，有关河湖冰的研究主要集中在冰体本身的物理特征及其变化对水文的物理影响方面，缺乏河湖冰变化对淡水生态系统影响的系统研究。事实上，淡水冰的状态和过程控制着大部分水生系统的生物生产力和多样性。因此，陆地淡水冰（河湖冰）的动态变化对淡水生态系统的影响也是未来冰冻圈变化影响领域需要高度关注的问题之一。未来研究主要针对三方面展开：一是基于完善的观测系统和涵盖不同气候带河流和湖泊数据，全面理解淡水冰变化对静水和动水生态系统（包括激流生态系统）的不同影响方式、程度和作用机理；二是发展一套耦合物理和生物过程的算法，改进淡水冰变化的响应模拟模型，以准确预估未来气候变化情景下，淡水冰驱动不同水生态系统的演化趋势，以及对整个区域陆地和海洋生态系统的链接效应；三是评判河湖冰变化对人类社会的影响及应对河湖冰变化的策略。

2. 冰冻圈与海洋生态系统

由于长期监测数据的匮乏，现阶段对于极地海洋冰冻圈水生生态系统与环境要素间复杂的相互作用关系的认识十分有限，也难以客观评估海冰变化对海洋生态系统的影响程度与未来趋势。未来最为迫切需要开展的工作就是立足于现阶段海洋生态系统观测系统、监测网络与方法，特别是已经或即将在未来建立起来的海洋环境自动观测系统和卫星遥感海洋应用技术等相结合的海洋环境综合观测网络，将冰冻圈要素观测系统进行有效结合，发展海冰与冰盖变化对海洋环境影响的长期定位或半定位观测网络，系统监测和查明生态系统对极地海洋环境变化的响应规律，以便深入理解海冰及冰盖变化对生态系统的物理和化学作用及其反馈影响与机制。

由于海冰覆盖变化影响，无论是在海冰还是在水体剖面上，海藻与动物区系的丰富度与多样性及初级生产力等均存在较大的季节性和空间异质性。现阶段对这些变化的幅度与形成机制的准确分析存在较大困难，也很难确定极地海岸大陆架的生态“热点”区域。现阶段研究缺乏有关种群的基础性参数，如群落大小、结构与组成等，为探索全球变化对北极海洋生物种群、食物链等方面的影响带来了巨大挑战。因此，一方面，需要完善对“自下而上”（物理因子）和“自上而下”（如捕食等因素）在种群竞争和食物传递途径等方面的特性及其相互关系的认识；另一方面，迫切需要在未来构建长时间尺度的传统方法与新技术相结合的技术体系，对海冰变化的生态系统影响进行全方位的、系统的观测研究，以便更好地理解冰冻圈变化对北极海洋生态系统的影响及其形成机制（IWC，2010)。

海冰变化除了上述对生态系统的直接影响以外，还存在多方面间接影响。目前，国际上最为关注的这类问题之一，是因海冰减少导致海岸线暴露于开放水域和猛烈风浪冲击的范围不断增加，强大风浪及其对海岸带产生的剧烈侵蚀、地质灾害等将改变原有生态系统适宜生境、食物链及物种结构等，无疑对海岸带生态系统产生较大影响，并影响海岸带人类社会经济发展。但现阶段对这一领域的专门研究十分缺乏，考虑到随海冰变化不断加剧产生的此类作用也趋于加强，有必要在未来强化这一领域的观测和研究。

（二）冰冻圈碳氮过程及其对全球气候变化的反馈

1. 冻土碳库与冻土-生态系统碳氮过程和源汇变化

由于多年冻土土壤巨大碳库且对气候变化高度敏感和脆弱，气候变化下的冻土碳库动态成为人们关注的焦点，但目前的相关研究进展存在诸多争议。一方面，在增温下冻土将释放大量的碳，包括大量深层冻土“老碳”的释放，其规模将与全球毁林的碳排放量相当（Schuur and Abbott，2011）；另一方面，增温在一定程度上促进了生态系统碳吸收及矿质土壤固碳，并且在强化的冻融作用影响下，多年冻土区土壤碳可能趋于下层分布增加稳定性从而减缓碳释放（Bockheim，2007）。要想正确评估冻土碳库对气候变化的响应程度及其区域碳源汇格局变化趋势，就需要针对冻土碳过程的核心环节（图 4-2），综合考虑土壤呼吸排放变化及土壤在冻融作用下的迁移规律，以期更全面、准确地评估冻土土壤碳对增温的响应。另外，对于多年冻土区而言，深层碳库较大，在北极风成和冲积黄土地层 3～25m 深度范围内的碳库高达648Gt，有研究认为冻融混合与沉积过程是深层碳库形成的主要途径（Tarnocai et al., 2009）。然而，有关冻融作用对土壤碳垂直迁移影响的直接证据不多，缺乏增温驱动季节深度增大对土壤碳迁移的作用的依据（Bockheim，2007）。目前不清楚冻融交替过程对于深层碳库形成的作用机理及其实际贡献，如何检测冻融作用在较短时期内变化及其对土壤迁移的影响则是当前面对的亟须解决的难点。

冻土-生态系统碳交换过程是一个十分复杂的互馈过程，增温通过增强土壤有机质分解和光合效能，促进植被生长和凋落物量增加，反过来增加返还土壤的碳量；同时，在增温条件下，由植被碳输入增加产生的激发效应可能会显著促进土壤有机碳分解，尤其是“老碳”的呼吸损失。除了温度以外，土壤水分是调控土壤呼吸的重要因素，土壤含水量对增温响应的时空差异性，是土壤异养呼吸排放格局时空变异性的主要驱动因素之一（Zhang et al., 2015）。冻土微生物对气候变化和地表植被覆盖变化高度敏感，气候-植被-土壤微生物-土壤碳氮过程之间存在更为密切的相互关系，这种密切的联系，使得气候的变化对冻土微生物的生理活动代谢产生更加强烈的影响，直接导致冻土微生物群落组成及其与碳氮的关联作用发生改变，从而影响土壤和大气之间的碳氮交换过程。因此，全面辨析冻土土壤碳排放的来源、贡献及其时空分异规律与形成机制；系统理解冻土-生态系统碳交换过程、互馈机制及其在气候变化下的演化规律，是未来冻土碳循环研究最为迫切开展探索的方向；探索有效方法，准确判识未来气候变化情景下，不同生态系统和不同冻土类型区“老碳”参与排放的速率与变化趋势，是冻土区域碳源汇评估的重点（Pries et al.，2016）。在上述冻土-生态系统碳交换诸方面研究的基础上，进一步发展多年冻土区特殊的碳循环模型，客观评价多年冻土区固碳现状、速率与未来变化趋势。

多年冻土区生态系统的氮储量在特定条件下可能具有较大的释放量，同时，增温增强植物固氮作用，有利于促进多年冻土土壤大气生物固氮的输入；因此，增温作用下多年冻土区土壤硝化和反硝化产物（N_2O）排放并未显著增加（Morishita et al., 2014）。然而，相比碳循环而言，对多年冻土地区生态系统氮循环的研究较少，缺乏对氮迁移转化规律、驱动因素与机制及其源汇格局动态等方面的系统认识，特别是碳氮耦合关系作用下的氮循环过程与演变趋势是未来需要重点关注的领域。

2. 积雪变化对生物地球化学循环的影响

积雪因其保温作用，在冬季的生物地球化学循环中具有十分重要的作用。对北极苔原、灌丛及桦木林带等不同植被类型的观测表明，积雪厚度增加均显著增强冬季的土壤呼吸排放，并由此导致年内总的碳源汇格局发生改变（Larsen et al., 2007）。另外，积雪厚度变化可能对生长季土壤水分状况产生较大影响，反过来可影响生态系统的 CH_4 与 N_2O 排放，这两种温室气体排放速率随土壤饱水程度增加而增大。为此，未来摆在我们面前亟待解决的关键问题是相关联的两方面：一是不同植被类型下，积雪厚度与土壤呼吸的关系，明确特定植被类型土壤呼吸足以抵消生长季固碳量的呼吸排放阈值及其对应的积雪厚度临界范围；二是相同植被类型，植被的覆盖指数对积雪的土壤呼吸作用关系的影响，建立三者之间的关系模式，用于提升积雪-植被协同的土壤碳排放评估和预测模型的精度。

积雪中因大气氮沉降等多种因素含有大量氮素，一般在大气稳定情况下，积雪表面可测到 NO_x 排放通量。在北极地区，近年来研究发现，积雪表面的 NO_x 排放主导春季大气边界层的氮平衡，且在不同地带观测到积雪表面 NO_x 排放在不断加强的现象，并成为北极积雪表面大气中总氮含量变化的控制因素（Morin et al., 2008）。特别是在多年冻土区，如何界定积雪表面 NO_x 排放源构成、积雪的影响因素（厚度、自身的氮含量等）及与下垫面生态系统的关系等，是未来冰冻圈变化中区域氮循环过程与效应领域亟须解决的重要问题。

3. 河湖冰变化的碳效应及其全球气候反馈影响

河流连接着地球上两个最重要的碳库——陆地碳库和海洋碳库，是全球生物地球化学循环的一个关键环节，它是将陆地侵蚀物质向海洋运输的重要通道，同时它也记录、响应着陆地的环境改变，并将人类活动对陆地系统的扰动波及海岸带及海洋系统。一个亟须明确的问题是未来气候持续增温变化，伴随降水格局变化，冻土区域流域碳输移通量的响应规律、形成机制和未来趋势，对区域冻土-生态系统碳平衡将产生的影响等。多年冻土区热熔湖塘或常规湖泊，冬季聚集于冰下的 CH_4 气泡在春季覆冰消融过程中被大量排放，因此，覆冰减少伴随冻土融化，无疑将加剧这类湖泊的 CH_4 排放量。但同时，控制生态 CH_4 生产的热力学因素也作用于 CH_4 的氧化，有氧（需氧）细菌过程可以将 CH_4 转化为 CO_2 并进一步耗竭冰下 O_2。在未来气候持续变暖背景下，上述两个过程的净平衡结果难以确定，在一定程度上取决于湖冰变化引起的湖水氧动态。因此，系统探索河湖冰与碳排放间的依赖关系与可量化的分析方法，构建以冰为控制变量的碳排放响应模型，对于准确评估区域碳平衡至关重要。

4. 海冰变化与极地海洋碳平衡

北极海洋的碳平衡状态将随环境变化，特别是海冰变化而可能改变目前的碳汇功能，如大气—海洋—海冰物质和能量交换过程、初级生产力形成及其向深部输送过程、呼吸及有机质矿化过程等，海冰的形成、迁移和融化在这些过程及 CO_2 消耗和再分配中起着十分关键的作用；同时，海冰中大量碳酸钙的分布及海冰形成中溶解态无机碳和有机碳的释放等，这些海冰自身的生物地球化学过程随海冰环境变化。这些过程均需要进一步深入研究，以期更为充分理解这些过程的作用与影响机理，从而可以量化海冰在全球碳循环中的作用。海冰的减少无疑将改变上述这些关键过程并影响未来 CO_2 的消耗，因此，深入开展上述过程及其机制的研究，有利于获得更为全面的有关北极海洋碳循环的系统认识，对制定科学的碳排放管理政策和提升气候预测模型等均具有十分重要的科学意义。

（三）雪冰中黑炭与粉尘及其环境变化示踪

1. 雪冰中黑炭分布与变化及其影响

黑炭气溶胶通过干湿沉降进入地表雪冰中后，极大地降低了冰雪反照率，使地表吸收了更多的太阳辐射，加速了冰雪消融。雪冰中黑炭的分布和局地环境、人类活动、源排放及大气环流形式等有密切关系。我国西部地区自身的黑炭排放很微弱，主要来源于周边地区。例如，南亚的“棕色云”等是影响我国西部雪冰融化速率的主要黑炭源（Li et al.，2016）。黑炭具有极强的稳定性，通过干湿沉降进入雪冰后会在其中累积，冰芯中记录了黑炭浓度变化的长期信息，与地球气候、环境变化、人类活动、突发事件之间具有密切的关系。黑炭的存在是全球范围内雪冰加速融化的重要因素，但雪冰中黑炭的辐射强迫在区域和季节上存在显著的差异。如何定量评估人类排放的黑炭对冰冻圈（冰川、积雪、海冰）消融的影响程度和历史变化，是未来需要解决的问题之一。另外，影响我国乃至中亚地区雪冰黑炭浓度的源解析，以及持续增加的冰川黑炭累积、冰川中可溶性有机碳等对融水径流的水化学和生物地球化学特征的影响等，是今后需要进一步明确的问题；在预估冰川物质平衡变化及其水资源影响中，如何考虑未来减排政策驱动下黑炭辐射强迫变化的影响等，是未来相关研究关注的焦点。

2. 雪冰中粉尘及有机污染物分布及其环境变化指示

雪冰中粉尘含量、组成结构及分布规律等常用来指示区域环境变化，也用来指示极地、海洋等生态系统矿质营养物来源（如 Fe 等）及大气环流规律等；同时，利用同位素技术对雪冰中粉尘进行来源示踪，可以对粉尘在大气中的排放强度和传输路径提供更好的约束，以及有助于增加我们对粉尘的气候效应和对雪冰加速消融的理解。利用对雪冰中粉尘及其来源进行解析，指示研究区及周边地区人类活动的强度和自然源对微粒沉降的贡献程度。

已在北极和山地冰川中发现可持续有机污染物（POPs），虽然浓度低于温带地区，但高于全球 POPs 的背景值（AMAP, 2011）。北极冰雪中多氯联苯（PCBs）和多环芳烃（PAHs）浓度在 1980 年前后出现峰值，随后这些污染物浓度均呈现降低趋势。阿尔卑斯冰芯揭示出的浓度变化，与北极地区相似，在 1980～1990 年达到峰值。在我国青藏高原，冰芯记录的 POPs 污染物浓度在 1998～1999 年达到峰值，后波动减少，在 2006～2007 年再度达到峰值。冷战时期，一些核大国借助北极冰冻条件而储藏大量核武材料，伴随气候持续变暖导致的区域冰雪和冻土融化，这些核武材料的暴露及其潜在的核辐射正在引起全社会广泛关注。另外，最近研究发现，极地冰冻圈还冷藏了一些古病毒，冰雪与冻土融化导致这些病毒重新暴露于外表，形成新的极具危险的潜在致病源。由于冰冻圈有机污染物赋存对区域环境与安全影响较大，因此冰冻圈有机污染物赋存规律、气候变化导致的污染物在冰冻圈中的再次释放所带来的生态环境效应成为今后国际上持续关注的热点问题。未来研究重点归纳为以下三个方面：一是进一步明确 POPs 等污染物在雪冰中积累、迁移转化过程，特别是在雪冰特殊的光化学环境下的变化规律、发展机理模型，定量模拟和评估 POPs 在冰雪中的物理化学行为、迁移转化趋向及其对区域环境与生态系统的毒害影响；二是继续推动雪冰中痕量 POPs 的环境变化记录研究的发展，在源解析技术方面取得突破，结合其他方法，提高对环境变化记录的识别能力；三是系统评估冰冻圈中储存的放射性元素及其他无机污染物和有机污染物、冷冻的古病毒等随冰冻圈变化的暴露与区域安全风险。

（四）冰冻圈生物地球化学过程与变化模拟

在气候变暖背景下，多年冻土和积雪的变化将会深刻地影响土壤水、热动态及其时空格局，从而影响生态系统的脆弱性及其生态服务功能，而生态系统反过来也会影响多年冻土和积雪的变化和空间分布；另外，生态系统会在响应气候变化和冰冻圈影响的同时受到人类活动（如放牧和围封等）及其他扰动影响（如火灾、小型动物和土壤侵蚀等）。因而发展耦合了冰冻圈过程、气候变化、生态过程及其他扰动等诸要素的寒区生态系统模式是未来模式发展趋势之一（图 4-3）。此类模式可以用来预估不同气候变化、冰冻圈要素变化和人类活动情景下寒区生态服务功能（生产力与生物地球化学循环）及其阈值。

多年冻土中碳排放及积雪和海冰的反照率对全球气候变化有着不可忽略的反馈影响，未来气候模式中精细化刻画冰冻圈过程（如土壤微生物过程及土壤碳在冻融过程中向下迁移），积雪的水平迁移（如风吹雪等），碳氮的水平输送（如冻融侵蚀及径流输移等），以及小尺度的冰冻圈过程的次网格参数化（如热融湖塘对多年冻土的影响，见图 4-3）是未来冰冻圈模式发展的趋势之一。此类模式可以用来更合理地预估气候变化和冰冻圈要素变化。

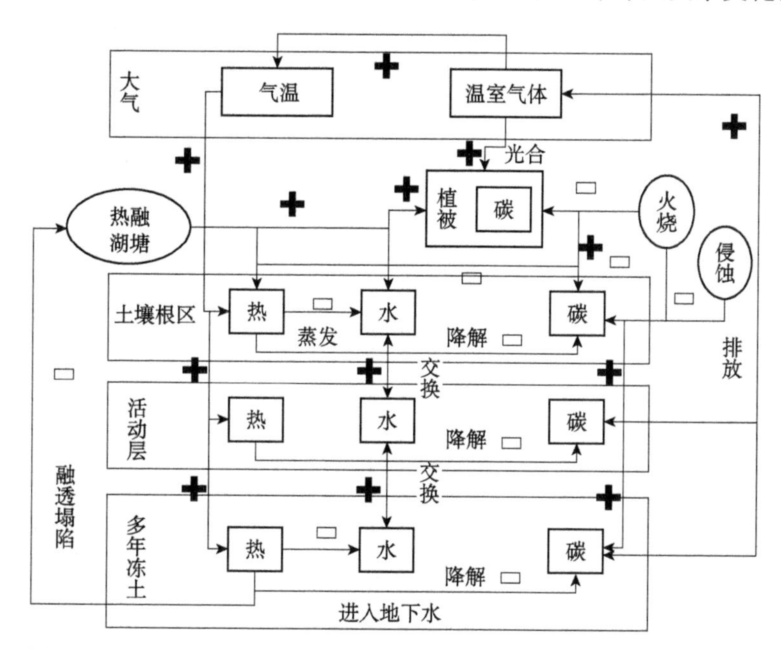

图 4-3　多年冻土水、热过程与生物地球化学过程的耦合及对气候和扰动（热融湖塘、火烧及侵蚀）的响应

注：加号表示正反馈，减号表示负反馈

第二节 未来10年发展目标

冰冻圈与生物地球化学循环是冰冻圈与生物圈相互作用的主要途径，其变化是表征冰冻圈对生物圈作用与生物圈反馈方式与程度的重要依据。根据冰冻圈变化对区域生物地球化学循环过程的影响及其气候、环境效应的研究现状与未来发展趋势，在未来10年，通过揭示冰冻圈生物地球化学过程的基本规律、冰冻圈变化的影响程度与作用方式及其反馈效应，促进冰冻圈与生物地球化学循环理论体系不断深化和完善；基于大气圈、冰冻圈和生物圈间能量和物质交换过程，系统阐明冰冻圈与生物圈相互作用关系、互馈机理与时空分异规律，丰富和发展冰冻圈生态科学学科理论体系，从而为进一步发展冰冻圈科学奠定重要基础。具体的科学目标如下：①系统厘清冰冻圈变化对不同生态系统生物地球化学循环过程的影响，全面揭示其作用机理及其时空分异规律，深化对冰冻圈与生物地球化学循环的理论认识；②发展基于冰冻圈与生态耦合过程的新一代冰冻圈与生物地球化学循环模型，准确评估冰冻圈变化对区域尺度生物地球化学平衡的影响、温室气体效应及其未来变化趋势；③推动冰冻圈有机/无机化学物质积累、迁移转化与源解析理论与方法的发展，精细、定量评估冰冻圈变化对区域环境和生态安全的影响。

第三节 关键科学问题

一、冰冻圈变化对生物地球化学循环的作用方式、时空阈值及其驱动机制

由于冻土、积雪、冰川及河湖冰等冰冻圈要素的分布和变化存在较大的时空差异性，因而冰冻圈要素变化对陆地生态系统的影响及其作用途径也存在高度时空变异性。同时，不同陆地生态系统稳定的生物化学计量平衡与循环格局不同，对冰冻圈要素变化的敏感性、脆弱性及发生状态变化（源汇关系等）的临界范围也不同。这就需要明确陆地不同区域或不同类型生态系统对冰冻圈变化（冻土、积雪、河湖冰和冰川）的差异性响应过程与驱动机制，判识冰冻圈变化对生态系统影响的关键阈值或临界拐点（包括冰冻圈要素和生态系统两方面）。对于冰冻圈海洋生态系统，海冰同样存在较大的时

空变异性，海岸带还受到岸基陆地冰冻圈及其驱动的生物地球化学循环变化的影响，因此，需要系统辨识海冰及岸基陆地冰冻圈变化对海洋不同区域关键生物地球化学过程的影响程度、作用机理与时空阈值。这些科学问题的解决直接决定前述科学目标①和②的实现。

二、冰冻圈与生物地球化学循环变化的气候及环境反馈影响与识别

蕴藏在冰冻圈的碳氮库及其在全球变化下的稳定性与源汇变化，是全球变化研究最为关切的焦点，冰冻圈与生物地球化学循环变化对气候及环境的反馈也是气候系统及全球变化研究最不确定的领域之一。目前和未来10年迫切需要在系统认识冰冻圈与生物地球化学循环过程的基本规律与机制的基础上，明确冰冻圈作用下的区域生物地球化学循环变化对区域或全球气候的反馈作用方式、程度、机理与未来趋势，阐释生物地球化学循环变化对冰冻圈要素的反馈影响途径、机制及其对区域环境的可能影响。冰冻圈赋存的黑炭、粉尘及有机污染物等是冰冻圈与生物地球化学循环的组成部分，不仅显著作用于冰冻圈过程，而且自身也具有特殊的环境变化指示意义，同时对区域环境安全构成较大影响。需要通过建立冰冻圈环境变化的生物地球化学识别的理论与方法，准确评估冰冻圈变化对区域环境和生态安全的影响。这些科学问题的解决不仅是实现前述科学目标②和③的重要基础，也是进一步发展气候模式和冰冻圈模式的关键。

第四节　重要研究方向

为了实现上述目标并率先在国际上解决上述关键科学问题，推动我国在冰冻圈与生物地球化学循环及其气候和环境效应研究中产出国际一流成果，使我国冰冻圈生态学研究处于国际领先行列，并为我国科学应对气候变化、保障可持续发展提供重要科学依据，我国在未来10年或更长时间，需要将以下冰冻圈与生物地球化学循环领域的科学问题作为优先研究方向。

一、生态系统响应冰冻圈变化的中长期综合观测与多源数据集成研究

观测数据与试验数据极度匮乏是冰冻圈与生物地球化学循环与动态变化

研究面临的最主要障碍。现阶段对于冰冻圈变化在生态系统或区域尺度生物地球化学循环方面的影响与作用方式的理解，仅限于少量样地的短期的观测结果，难以形成最基本的生物地球化学循环响应冰冻圈变化的过程、规律与机制的理论认识。事实上，对生物地球化学循环过程、演变规律及其形成机理的系统认识，需要对生态系统本身的格局、分布与时空动态变化有深入理解；同时，揭示冰冻圈生物地球化学过程变化的目的之一，就是要从生物地球化学角度识别冰冻圈与生物圈的相互作用关系。为此，亟须尽早部署冰冻圈变化对生态系统影响的观测体系，研发适宜于冰冻圈生态系统的新技术与新方法，将遥感技术与定位监测等多种数据获取手段相结合，通过多源数据集成与融合，构建基础数据系统。从上述国内外进展与未来发展趋势的讨论出发，需要在未来5～10年或者更短时间内，重点部署以下方向的研究。

（一）冰冻圈典型陆地生态系统变化的观测试验与多源数据集成研究

充分应用多种高分遥感数据获取反演技术、先进的地面观测与样本分析技术和方法，探索多种新技术与新方法的联合，实现数据的高质量、连续性与可靠性。同时，系统收集和整编国际上不同地区相继开展的大量观测试验研究数据与结果，并通过多源数据集成与融合，形成可靠、长系列和高质量的数据系统。

（二）冰冻圈典型水生生态系统变化的观测试验与数据集成研究

冰冻圈典型水生生态系统包括陆地淡水水生态系统和极地海洋生态系统两方面，选择典型区域，开展将冰冻圈要素变化及其生境条件影响的观测与河湖淡水生态系统监测和极地海洋生态系统监测体系相结合的技术、方法和观测网络建设的研究。

二、积雪与冻土变化对陆地生物地球化学过程的影响与驱动机制

在陆地生态系统中，冻土和积雪变化深刻影响着生物地球化学循环过程，这种影响不仅与积雪性质和冻土类型有关，而且也与生态系统特性密切相关，形成了极其复杂的影响冰冻圈生物地球化学过程的植被-冻土-积雪多元耦合作用系统。针对这一领域在今后10年需要开展的重点研究方向主要为以下两个方面。

（一）积雪与植被覆盖变化对碳氮循环过程的协同影响与模拟

确定生态系统碳源汇变化的积雪临界范围，建立植被的覆盖指数、积雪覆盖与土壤呼吸三者之间的关系模式，提升积雪-植被协同的土壤碳排放评估和预测模型的精度。

（二）冻土与积雪变化对冻土碳库和冻土-生态系统碳氮平衡的影响

精确解析冰冻圈变化下冻土-生态系统土壤碳排放构成、碳交换过程及其时空分异规律；在明确其形成机制及其在气候变化下的演化规律基础上，探索有效方法，准确判识在未来气候变化情景下，河湖冰变化对冻土碳氮输移通量的影响及其对区域碳氮平衡的影响，以及不同冻土-生态系统碳氮平衡变化及形成机制。

三、冰冻圈与生物地球化学循环机理模型与未来变化趋势预估

区域和生态系统尺度的生物地球化学循环模型有较长时间的发展历史，在耦合气候驱动模式、陆面过程模式及生态系统模型等方面取得了较大进展。在冰冻圈，无论是陆面过程模式还是生态模型等，均面临如何将冰冻圈要素动态模式进行有效耦合的问题。近年来，在考虑冻土、积雪变化方面取得了显著进展。但在生物地球化学循环模式方面，仅有概念模型的发展，缺乏基于机理的高精度数值模型，限制了未来冰冻圈变化对区域生物地球化学过程影响趋势的准确预估。未来重点应优先开展以下两个方面的研究。

（一）冰冻圈水热过程驱动的生物地球化学机理模型

在现有概念模型基础上，发展精细化刻画冰冻圈变化（如冻土冻融水热变化、冰雪变化等）驱动的生物地球化学循环过程模式，能够体现微生物群落动态、碳氮等的多维迁移转化与动态平衡。

（二）冰冻圈变化情景下关键生物地球化学变化趋势预估

将冰冻圈要素动态模型、陆地生态系统模型与生物地球化学模型进行耦合，实现对重要的生物地球化学过程如碳氮磷的循环及其平衡变化的准确评估。

四、冰冻圈有机污染物/痕量化学物质变化的环境指示与安全风险

冰冻圈痕量化学物质，特别是有机污染物的环境指示研究是已有较长研究历史的学科方向，用于指示区域乃至全球环境变化，重建过去的生态、环境及追索大气环流和季风运移途径等。冰冻圈消融的污染物（如POPs、放射性元素、无机有毒元素等）和古病毒二次释放带来的暴露风险和生态环境效应，成为新的冰冻圈与生物地球化学循环领域需要面对的课题。重点需要以下三个方面的系统研究。

（一）各类污染物在冰冻圈中积累、迁移转化过程与模拟

探索雪冰及冻土中有机污染物/痕量化学物质源解析的新技术与新方法，揭示迁移转化过程与形成机理，识别环境变化；构建基于机理的数值模拟模型，准确模拟和评估有机污染物（包括古病毒等）在冰冻圈中的迁移转化趋向及其对区域环境与生态系统的毒害影响。

（二）黑炭辐射强迫与雪冰物质平衡

量化黑炭和粉尘对冰川、积雪、海冰融化的影响强度，将未来减排政策驱动下黑炭辐射强迫变化的影响耦合到雪冰物质能量平衡模式中，实现对雪冰物质平衡变化趋势及其水资源影响的准确预估。

（三）冰冻圈变化的污染物环境影响与风险

分析冰雪黑炭、粉尘或其他有机污染物累积对融水径流的水化学和生物地球化学特征的影响，研究有机污染物二次释放的生态环境效应与环境安全风险。

五、冰冻圈变化对海洋碳氮磷循环的影响

极地海洋的碳氮平衡状态将深受冰冻圈要素变化的影响，特别是海冰和海岸带冻土与积雪变化可能改变目前的碳汇功能与氮平衡。另外，极地海洋内部初级生产力形成及其向深部输送过程、呼吸及有机质矿化过程等对海冰变化响应强烈；同时，海冰中大量碳酸钙的分布及海冰形成中溶解态无机碳和有机碳的释放等，这些海冰自身的生物地球化学过程随海冰环境变化，也对碳氮平衡产生影响。冰冻圈变化导致的极地海洋营养盐动态平衡的改变，

可能对海洋的热盐动态产生影响，继而对热盐环流过程产生作用。现阶段对这些过程的认识十分有限，未来5～10年优先需要开展以下三个方面的研究。

（一）典型极地海洋碳氮平衡动态、对海冰变化的响应过程与模拟

冰冻圈驱动下的极地海洋碳氮交换动力过程与定量模拟；海岸带冻土与积雪变化对海洋陆源有机物输入过程的影响；耦合海冰变化与陆源物质输移的极地海洋碳氮平衡动态变化模拟与预估。

（二）极地海-陆界面营养物质流动及氮磷的生物地球化学循环

分析海-陆氮磷的迁移转化过程、主要驱动因素及其对冰冻圈变化的响应；准确估算南极海-陆界面氮磷的循环通量，探索氮磷迁移对极地和近海生态系统养分分配与群落结构的影响。

（三）极地海洋营养盐动态响应冰冻圈变化的热盐环流效应

分析冰冻圈变化对海洋营养盐动态平衡的影响，探索营养盐平衡变化对海洋盐分分布的影响及其对热盐环流的作用。

通过上述方向的深入研究，实现对海冰在全球碳氮循环中作用的量化，并获得更为全面的有关极地海洋碳氮磷循环的系统认识。

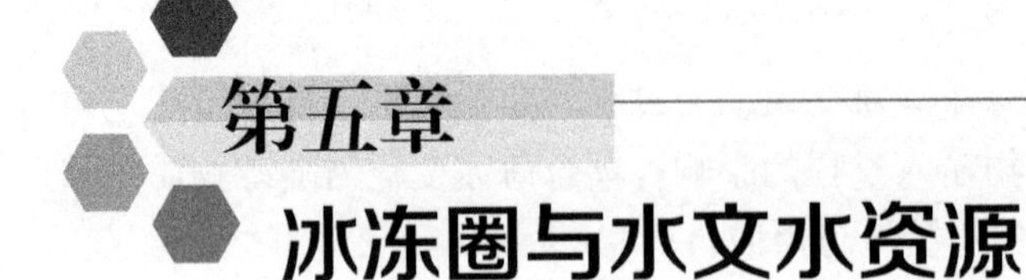

第五章 冰冻圈与水文水资源

通过现状分析与未来发展趋势凝练，指出冰冻圈水文未来研究应以冰冻圈水文学学科体系建设为指针，围绕深化对宏观尺度（全球、区域）冰冻圈水循环过程及其影响的科学认识，精细化流域冰冻圈水文过程研究及定量、动态评估冰冻圈水资源影响的科学目标，针对不同冰冻圈水文要素的水文水资源效应和时空尺度与耦合两大关键科学问题，重点开展冰川动力过程与水文过程的耦合机制、冻土水文过程及效应、雪水文过程的尺度效应及其水资源影响、海冰水文过程、流域冰冻圈全要素水文过程及其模拟与水资源影响评估和不同冰冻圈水文要素在大洋环流中的作用及其尺度问题等方向的研究。

冰冻圈对气候变化具有高度的敏感性，随着气候的冷、暖变化，冰冻圈与水圈形成此消彼长的互馈关系。气候变暖，冰冻圈退缩，水循环加剧，海平面上升；与此同时，由于冰冻圈变化导致大量低温淡水进入海洋后改变大洋的盐度和温度，从而影响全球海洋温盐环流过程，进而影响气候变化。另一方面，从区域角度来看，冰冻圈变化对高纬度、高海拔流域的河川径流具有重要影响，而河川径流的变化会影响流域水资源及生态系统，特别是干旱内陆河流域。冰冻圈变化导致的全球水循环变化，以及对区域水文与水资源的影响是国际关注的核心内容之一。

第一节 现状与趋势

一、国内外发展现状

过去几十年，尤其是近十几年来，国际冰冻圈水文研究在两极区域淡水组成与水量平衡的定量科学认识、冰冻圈变化的大尺度水文影响评估及冰冻圈区域水资源效应等方面给予了较大关注，并取得了明显的研究进展。

（一）南极和北极地区淡水组成与水量平衡

从水文学的角度来看，冰冻圈也可看作是固态水圈。在长期的环境演进过程中，冰冻圈这一固态水圈与海洋水圈之间的固-液相变过程影响着全球水循环的变化过程，并深刻地影响着全球与区域水、生态和气候的变化。从全球水量平衡来看，冰冻圈的扩张，意味着液态水的减少和水循环的减弱，反之亦然。过去的研究已经认识到，在万年尺度的冰期-间冰期循环及千年尺度冷暖波动的间冰段（Dansgaard et al.,1993），以全球陆地冰范围和海平面为标志的固-液态水发生了显著的消长进退变化，这种变化通过固-液态水循环相变过程将大气、海洋、陆地和生态系统紧密地联系在一起，成为气候系统变化过程中起纽带性的关键因素之一。

根据克劳修斯-克拉珀龙关系，比湿随气温升高呈指数增加（大约为7%K^{-1}（IPCC，2007）。因此，在气候变暖影响下，水循环过程的加强是必然趋势。研究指出，两极地区的固态和储存于海洋中的液态淡水是十分重要的水体，这些淡水交换过程的平衡一旦被打破，就会改变大洋的水文与循环过程。海洋和大气的相互作用驱使极区内淡水的循环，以及与亚极区各纬度带的水文交换。高纬度淡水能以非均一方式驱动浅表层海洋跨越几个纬度而发生变化（Wu et al., 2005）。在气候变化影响下，大气水汽含量、大气环流、海冰范围、海冰体积及其传输等这些海洋和大气分量和过程对温度变化的响应在年内和年际尺度上表现得十分显著（Flavio et al., 2012）。极区的夏昼和冬夜十分独特，由此会引起地表气温很大的季节变化，从而导致季节性的极区固态（海冰）和液态（海洋）在年内交替出现。极区固-液态水体的转化过程会导致海水热容量改变，这种状况就会产生很大的海水热通量的季节性变化。在北极，海冰覆盖的范围由夏季的700万km^2扩展到冬季的1600万km^2；而在南极，相应的海冰范围夏季为200万km^2，冬季为1900万km^2。海冰的平均厚度尚不太清楚，但估计北半球为2～3m，南半球不到1m。由液态到固态再由固态到液态的年循环中，这一巨大的水量转化过程导致了极区海洋的物理特征、化学特征和生物特征完全不同于其他地区（Comiso，2010）。在北半球高纬度地区淡水驱动的变化速率比南半球高纬度地区大，在全球水循环尤其是在海洋水循环中，受冰冻圈影响的淡水再分配过程倍受关注（Stocker and Raible，2005）。

已有的研究对海洋淡水与冰冻圈的关系有了初步认识，研究指出，北冰洋主要通过直接降水、穿过白令海峡的太平洋水、陆地冰体及河川径流等补给淡水。补给北冰洋的主要河流多处于积雪广泛覆盖的流域（径流受融雪过程控制）。在北冰洋内部，淡水量随蒸发损失和海冰生长、消融而变化。大量的淡水还可以储存在深水盆地，其驻留时间变化很大。通过上述途径输入北冰洋的淡水驻留在两个水库中，一个是海冰（根据冰龄含有少量的不同盐度），另一个是液态淡水。两个水库的水量分别为，海冰水库约为 1 万 km^3 数量级，液态淡水水库最大可达 10 万 km^3。由北冰洋输出的淡水主要通过弗拉姆海峡和加拿大北极群岛传输到大西洋，从而促进了格陵兰-冰岛-挪威（Greenland-Iceland-Norway, GIN）海域深水的形成。与北极淡水输出有关的海洋与海冰相互作用是认识海-冰长期变化及耦合机制的最重要过程之一，同时也是深入理解海平面和生态系统变化的关键问题。

根据已有的研究结果，可以将南极、北极淡水平均收支平衡状况进行定量估算（丁永建和张世强，2015）（图 5-1）。由图 5-1 可以宏观地看出南极、北极淡水通过大气、海洋、陆地和海冰相互转换及循环过程。需要指出的是，北极陆地径流输入主要是融雪径流（Callaghan et al., 2011）。因此，北极海冰和积雪等冰冻圈要素在淡水循环中起着重要作用。南极只有部分裸露地表向海洋的径流输入，而没有其他陆地向南极大陆的径流输入。由图 5-1 可以看出，纬度在 60°～90° 范围南极、北极海洋的淡水储量占主要地位，分别达 48 万 km^3 和 27 万 km^3，海冰储量次之，分别为 2.2 万 km^3 和 3.7 万 km^3。在淡水循环中，海冰量是最大的，每年有 1.7 万～1.8 万 km^3 的淡水通过冻融过程参与北极淡水循环，而北极积雪融水参与淡水循环的水量也达到了 0.5 万 km^3/a，这一数值也远大于降水-蒸发过程参与北极淡水循环的水量。

由上不难看出，冰冻圈在高纬度淡水组成中占据重要地位，其水量平衡的变化将不仅会影响高纬度淡水循环过程，而且会影响大洋环流，影响生态系统，进而影响全球气候系统。因此，冰冻圈两极地区淡水组成和水量平衡研究受到越来越多的关注。

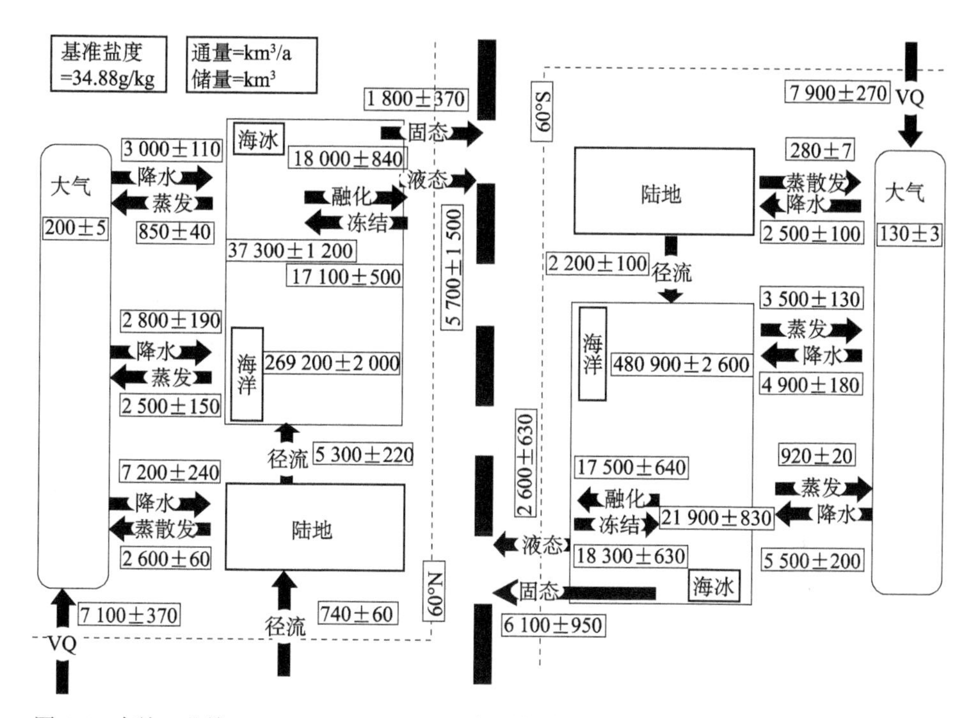

图 5-1 南纬、北纬 60° ～ 90° 1960 ～ 1990 年平均淡水收支平衡（丁永建和张世强，2015）
注：据 Flavio 等（2012）模拟数据编绘；VQ 为水汽输入，图中与箭头相关的数值表示通量，框中的数值表示储量

（二）宏观尺度冰冻圈水文影响

冰川、冰盖、积雪、海冰等冰冻圈诸水文要素以不同时空尺度影响水文过程、改变区域水循环和全球水循环。目前，冰冻圈变化在宏观尺度上的水文影响研究主要体现在以下几个方面。

1. 融雪与河流补给

与其他大洋相比，流入北冰洋的河流远远大于其他大洋，若与大洋水体相比，北冰洋接收到陆地淡水补给比例更大。流入北冰洋的河流主要来自勒拿河、麦肯齐河、鄂毕河及叶尼塞河，这些河流中冰雪融水补给占据较大比例。每年输入北冰洋的淡水径流达 5300km^3（图 5-1），其中河流提供了北冰洋最大的淡水补给量（Prowse and Flegg, 2000）。已经观测到这些北方河流的径流增加及融雪时间的提前等现象，预期未来可能变化更大。北极地区多年冻土融化的淡水径流情况尚不清楚，总体来看，融化的多年冻土改变了径流通道及储水能力（Ye et al., 2009），定量确定多年冻土变化的这些影响，对认识河川径流如何分布、流向及其在北冰洋淡水储量的作用均十分重要（Cooper et al., 2008; Jones et al., 2008）。随着气候变暖的影响，多年冻土的水文效应日益显著，这也是未来值得关注的重要研究课题。

2. 冰川与冰盖

广义而言，尽管泛北极流域所有冰川淡水的直接贡献要远小于流入该区域的 9 条主要河流的径流量，但冰川补给的“正输入信号”（即增加径流的信号）比河流要明显。河流的淡水输入是年际尺度上的，其超过平均值的变化量会影响到海洋淡水平衡，但冰川、冰盖在气候变暖影响下，其对海洋的淡水输入具有持续增加海洋淡水、改变温盐平衡的作用，在年代际尺度上更加显著。除格陵兰冰盖自身作为北大西洋淡水源的战略地位外（图 5-2），对其他淡水收支对海洋影响的分析研究还较少。调查表明，格陵兰冰盖的稳定性比西南极冰盖的稳定性要强，格陵兰冰盖阈值温度的合理估值是 3.1 ± 0.8℃，但仍存在很大的不确定性，因为这一估值主要依据简化的表面物质平衡参数所得。据统计，山地冰川目前对海洋的净淡水输入量为 2000～2500km^3/a，两极冰盖的净输出量为 1300～2400km^3/a（Church et al., 2013）。除淡水量外，输入的位置也十分重要，目前冰盖融水径流还没有在相关模型中给予考虑（Randall et al., 2007）。就目前理解水平而言，即使没有检测到加速动态过程，北极海冰和山地冰川在所列出的几个逆转因子中对全球变暖也是最脆弱的。即使全球变暖可能控制在 2℃，也不足以避免这些冰川区的巨大变化（Leverman et al., 2012）。

图 5-2　格陵兰冰盖边缘强烈消融情况

南极冰盖最不稳定的部分被认为是西南极冰盖。西南极冰盖承受着海洋变暖、冰盖突发崩解的威胁，但目前对这种逆转出现做出预判还缺乏足够的、可靠的数据支持。古气候证据结合陆地冰动力模拟表明，在气温较今高出 1～2℃就可导致快速冰流发生。最近的卫星监测表明，部分西南极冰盖崩解是可能的。卫星数据显示，在一些地区冰川显著减薄，接地线后退。现在还不能确定，西南极冰盖阿蒙松海扇区的崩解是否已经开始（Joughin et al., 2009; Chen et al., 2009），如果情况真的发生，则相当于 1.5m 海平面上升量，不仅会对全球海洋盐度和温度产生巨大影响，同时也会对沿海城市带来严重威胁。

3. 海冰

通过对过去 100 年来全球环流对温度-盐度变化的敏感性的诊断及数值模拟试验分析，全球经向海洋环流的变化取决于北大西洋极区洋面的热盐状况，而极区热盐状况与海冰和冰盖变化密切相关。海冰自身几乎是由淡水组成的，盐度只有 0.6%～6%。因此，伴随海冰季节性的发展，其冻结和融化过程决定着海表的盐度，因而也对水体的密度和分层起着关键作用。研究表明，当冻结时，在新冰形成的底部，海水释放出盐分和卤水，其下沉并增加下伏水体的密度。夏季海冰融化时，会形成漂浮于较大密度水体之上的表层低盐水层。海冰在消融过程中，其底部融化与洋面的辐射加热有关。底部融化可以导致由表层淡水形成的大西洋暖水和冷盐跃层的绝热损失。这些具有增强垂直混合作用的上层水的稳定性被定义为影响极区洋流的“关键外卡”（key wild card）（Serreze et al., 2007），其与海冰损失密切相关。北极海冰影响海洋的另一显著特点是其向极区外漂移、将海冰输出进入北大西洋。向南漂移海冰的路线主要取决于表层洋流，以及与之相关的穿极漂流和格陵兰与加拿大东部大陆边缘条件。年消融或夏季消融的多年冰输出的淡水量是十分可观的，通过弗拉姆海峡和加拿大北极群岛的淡水量分别约为 3500km^3 和 900km^3（Aagaard and Carmack, 1989）。

4. 冰间湖

冰间湖是由大范围漂浮海冰区形成的较宽阔无冰水域。这种由冰包围的开放水体是俄语名词“冰间湖”（polynyas）之意。除冰间湖之外，在高纬度海冰区，受风、波浪、潮汐、温度和其他外力影响，海冰不断破裂，形成裂隙，即所谓的冰间水道。冰间水道看起来就像陆地的河流，通常是线状的，有时绵延数百千米。冰间湖和冰间水道在海洋气候和海洋水文中具有类似的作用，往往统称为冰间湖。冰间湖可以分为感热冰间湖和潜热冰间湖（Gordon and Comiso，1988）。

冰间湖由于其在气候、海洋和大气过程中的作用而受到关注。已有的研究已经认识到，冰间湖的形成主要是由于受海底地形或水域其他因素影响，形成向上的洋流，将较低纬度深层的暖水输送到寒冷的海冰覆盖水域，从而在海冰区形成相对温暖的开放水域。对于冰间湖和冰间水道来说，开放水域不仅具有较温暖的水区，而且周围海冰覆盖水域及冰间湖上空大气温度均很低，相对温暖的水域上部的冷空气，两者相接触，就会引起向上强烈的湍流和水汽交换，这种交换受到水-气温差和风速的控制。极地沿岸冰间湖中的海-气温差通常远大于海冰覆盖区的海-气温差，这是因为来自陆地的空气通常都是由平流输送的，由冰盖或高纬度平流输送的冷空气要比海冰带的空气冷得多。同时，由于对风的阻止作用和下降流的影响，沿岸附近的风速也比海冰漂浮区内的风速要大，所以沿岸附近的所有开放水域内的风也对强湍流过程起到推波助澜的作用（Kottmeier and Engelbart，1992）。冰间湖被看作是高密度水和高盐度水的主要来源，这也是热盐环流驱动的世界大洋底层水的主要组成部分。冰间湖是垂直对流区，因此它能够形成深海和表层水之间化学交换的通道，也是化学和营养物质消耗得以补充的一个重要途径。总之，冰间湖在极区大洋水循环中的作用与其他冰冻圈要素有所不同，一方面，加强了海-气间的垂直水分循环；另一方面，通过强化深海对流将盐度较高的深层水“翻转”到极区海洋表层，增强了局地海洋环流。

（三）区域尺度冰冻圈水资源效应

冰冻圈的水文功能主要表现在三个方面：水源涵养、水量补给（水资源作用）、流域调节。水源涵养功能主要表现在，冰冻圈发育于高海拔、高纬度地区，是世界上众多大江大河的发源地。以青藏高原为主体的冰冻圈，是长江、黄河、塔里木河、怒江、澜沧江、伊犁河、额尔齐斯河、雅鲁藏布江、印度河、恒河等著名河流的源区。随着气候变暖影响的不断突显，全球冰冻圈正在发生着显著变化，冰冻圈的水文影响对全球和区域水循环过程的改变不仅关联着全球水圈的变化，同时对区域可持续发展的影响也日益显著。对此，一些国际组织纷纷发出警示。例如，联合国开发计划署发布的《人类发展报告》指出，中亚、南亚和青藏高原“未来50年冰川融化可能是对人类进步和粮食安全最严重的威胁之一”（UNDP，2006）。世界银行在《世界发展指数2005》中也指出（World Bank, 2005），未来50年喜马拉雅山冰川变化将严重影响那里的河川径流。IPCC第五次评估报告将冰冻圈的影响归结为地表能量收支、水循环、初级生产力、地表气体交换和海平面五个方面（Vaughan et al., 2013）。该评估报告指出，在许多地区，冰雪融化正在改变着水文系统，影响着水资源量和水质。冰川融水变化对干旱区的影响尤为重要。

该评估报告指出，青藏高原多年冻土区10m深度以内土层的平均重量含水量为18.1%。估计由于冻土变化平均每年从青藏高原多年冻土中由地下冰转化成的液态水资源将达到50亿～100亿m^3（丁永建等，2005）。北极气候变化评估表明（ACIA，2005），冰冻圈变化对次区域尺度或者是地方尺度水平的影响更加重要，区域冰冻圈变化的水资源影响与人类生存和发展的关系更加密切，需要定量确定冰冻圈水资源在社会经济领域如农业、渔业、交通运输、水电、油气生产、旅游业、采矿、森林及城市等领域的影响。这些认识正不断得到重视。French和Slaymaker（2012）在对加拿大寒区的研究总结中，突出了寒区环境变化与所在地人类的相互关系，更加强调冰冻圈过程中人与环境的协调发展。中国冰冻圈的评估指出，冰冻圈变化已经广泛影响到气候、水资源、生态、地表环境（冰冻圈灾害、地表侵蚀等）等方面（丁永建和效存德，2013），适应和应对冰冻圈变化的影响面临众多挑战。

更为重要的是，在流域尺度上，冰冻圈变化会影响流域水文过程，不仅影响径流量的增减，也会改变径流的年内分配，进而影响水资源的合理利用。但由于冰川、冰盖、积雪、海冰、冻土等变化的水文效应在时间尺度和空间尺度上存在较大的差异，且多因素协同影响的水文效应尚缺乏足够认识。另外，冰川融水的增加过程及出现突变点的时间是关注的焦点。单条冰川通过观测和模拟可获得其融水出现拐点的时间阈值范围，但流域尺度冰川规模差异使其对气候敏感程度和响应过程存在很大不同，因此，流域尺度冰川融水的变化过程及阈值范围确定需要在理论、方法和手段上实现创新性突破（丁永建和效存德，2013）。冰冻圈与水资源研究主要关注冰川变化对流域水文过程影响的程度，以及冰川径流变化对流域水文过程调节作用的改变，更强调深入研究冰川径流是否会出现拐点，以及拐点出现的时间范围及影响的空间范围；关注雪水文过程及其对流域径流的补给作用；关注冻土的水文效应，重点是冻土活动层变化对径流过程和流域径流年内分配中的影响。例如，IPCC（2014）评估指出，积雪减少已经影响到季节性河流，全球温度升高2℃可能导致频繁出现少雪年，在美国西部和加拿大融雪径流趋于提前。事实上，观测到的结果表明，中国西北地区融雪径流自20世纪90年代以来已经提前（沈永平等，2007）。随着气候变率的增加及冰雪消融的加速，水资源的安全将受到很大的威胁（Romero-Lankao et al., 2014）。

二、未来发展趋势

冰冻圈水文学是伴随冰冻圈科学同步发展的，冰冻圈水文学涉及冰川水文、雪水文、冻土水文、海冰水文及河湖冰水文等众多研究分支或领域，这些分支或领域与冰冻圈科学诸要素密切相关，实际上是冰冻圈科学各分支学科的重要组成部分。从水文学视角研究冰冻圈要素的水文效应、水循环作用及水资源功能，是冰冻圈水文学向学科体系化发展的必然趋势。

（一）冰川径流变化对水资源的影响

山地冰川是全球水循环的重要组成部分。自17～18世纪小冰期以来，全球冰川处于持续后退状态，其中尽管有阶段性的波动过程及区域性的差异变化，但冰川的退缩是全球性总趋势，尤其是自20世纪80年代以来，随着气候的变暖，冰川退缩不断加剧。冰川变化在不同空间尺度和时间尺度上影响着全球水量平衡。在全球尺度上，冰川变化对海平面上升及海洋热盐环流有显著影响。例如，除南极和格陵兰冰盖以外的冰川，尽管其只占全球冰量的不足1%，但对海平面上升的贡献却在30%以上。在区域和局地尺度上，冰川作为所谓“固态水库”，不仅对山区河流具有重要补给作用，而且是流域径流的调节器，对世界许多地区具有重要影响。例如，在喜马拉雅山、阿尔卑斯山、安第斯山、祁连山、天山，以及高纬度及北极等地区，对低地平原的农业灌溉、水资源利用、陆地和水生生态系统及山区水电开发等均具有显著影响。冰川变化对这些地区的径流及水资源利用的影响亦受到广泛关注，尤其是区域尺度冰川径流的定量模拟及其气候响应机制存在着迫切需求（Radic and Hock, 2014）。

冰川的退缩导致全球受冰川补给影响较大的河流的流量增加，对地表水资源产生显著影响，这种影响在干旱的地区尤为突出。以中国为例，自20世纪80年代以来，新疆出山径流增加显著，最高增幅可达40%，乌鲁木齐河源区径流增加的70%来自冰川加速消融补给，南疆阿克苏河近十几年径流增加的1/3左右来源于冰川径流增加（Gao et al.，2010）。长江源区近40年河川径流减少14%，而冰川径流则增加了15.2%（Liu et al.，2009），如果没有冰川径流的补给，河川径流减少将更加显著。这些冰川消融导致的江河水量的增加目前在总体上是有利的。但据模拟研究，若气候持续变暖，一些面积较小的冰川在未来的15～20年冰川消融补给将达到最大值，随之将是快速的减少，减少的速度取决于升温的速度（图5-5）。未来50～70年，我国小于$2km^2$冰川的逐渐消失是可以预期的，较大面积的冰川萎缩也将趋于显著。值得注意的是，我国冰川组成的特点是，数量不到5%的大型冰川，其面积却占到45%以上（施雅风，2005）。所以，未来更应关注大型冰川的变化。不同的流域，冰川大小组成特点不同，冰川未来变化有较大差异，对当地的影响也各不相同，需要有针对性地深化冰川变化效应、机理研究，才能应对冰川变化的影响。

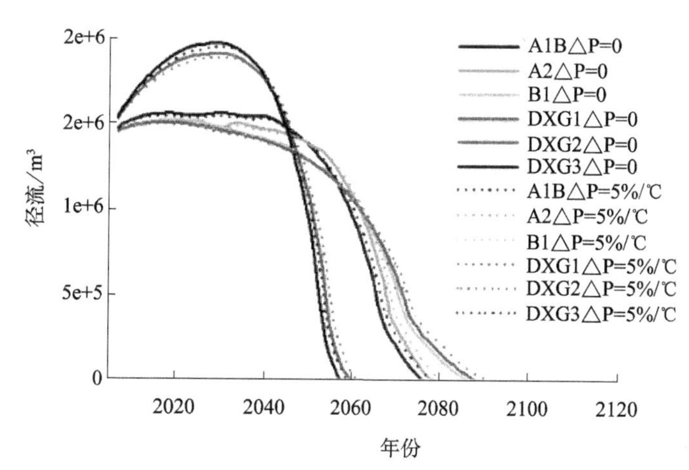

图5-5　根据冰川动力模式模拟的天山乌鲁木齐河流域未来不同时期内、不同升温情景下，冰川径流的变化过程

注：实线为不考虑降水变化只考虑气温变化的情景；虚线是考虑降水增加后的结果。A1B、A2、B1是IPCC第四次评估报告提出的不同升温情景，DXG1、DXG2、DXG3分别是冰川区大西沟气象站1959～2004年、1980～2004年和1990～2004年平均升温率。图中显示，只有在大西沟自20世纪80年代以来平均升温速率下，冰川径流才表现出先快速增加随之又迅速下降的情形，而在其他全升温情景下，冰川径流在未来60～70年相对是平稳的（李忠勤，2011）

在北美不同类型冰川融水径流影响的结果表明，大陆性冰川的变化主要对流域总水量、径流过程及水质有显著影响，而海洋性冰川则主要影响河流水质和径流过程，对水量的影响较小。针对南美冰川变化的影响，通过对秘鲁布兰卡山冰川补给的桑塔河流域冰川水资源变化的模拟与适应研究，将水资源可利用量和水资源的持续利用性有机耦合，提出了完整的水文-社会研

究框架，确定了过去60年深刻影响水资源利用的5个人类变量指标，即政治与经济发展水平、管理与法律体系建设、技术与工程、土地与资源利用状况及社会响应程度，由此将冰川水资源变化的影响定量地深入社会经济领域，为解决水资源持续利用问题提供了重要依据。冰川径流可以根据冰川储量的减少来预测，但决定用水方式的社会驱动力则需要通过法律、经济、政治、文化和社会体系的完善来建立。秘鲁桑塔河水资源利用的显著变化，包括水电的发展、大规模灌溉计划及土地和资源利用增加等不是由于冰川径流变化引发的，而是上述人类变量导致的，因此耗水量不能简单地由水资源可利用量来预测。通过案例分析的秘鲁水文-社会研究框架对安第斯山、阿尔卑斯山、喜马拉雅山及天山具有普遍借鉴意义。

冰川径流本质上与冰川物质平衡紧密关联，最近的研究已经关注到将物质平衡与冰川径流有机耦合，并且将研究视野扩大到区域和全球尺度（Radic and Hock, 2014）。研究指出，冰川变化的影响存在着显著的区域差异。对于海平面上升来说，主要的影响是在冰川规模较大的高纬度地区，如南极、北极周边地区、加拿大北极、阿拉斯加及俄罗斯北极。相反，在中低纬度地区（如欧洲阿尔卑斯、斯堪的纳维亚山、热带的安第斯山及北美和加拿大西部），冰川规模较小，对海平面上升的潜在影响（高亚洲山地除外）相对较小。但中低纬度地区人口较密集，冰川变化的流域水文效应受到更多关注。

自21世纪初以来，由于测高卫星及重力卫星的发射，区域尺度冰川物质平衡的估算成了可能，同时也为全球冰川水文过程模拟及影响分析提供了可以校验的结果。但是这些结果最终也需要实测结果作为其研究基础，不幸的是，实测物质平衡的冰川数量在减少，这是未来研究中至为关键的瓶颈性限制因素。尽管近年来在发展全球尺度冰川物质平衡和径流模型方面取得了一定进展，但它们仍然存在着冰川动力物理机制和前端消融过程（崩解及海洋水下融化）考虑不周等问题。对融水向地下水的转化及其流域内的转化过程还了解不多，考虑这些过程并将冰川物质平衡模型、流域水文模型与全球水文模型相耦合，以及在未来不同情景下，冰川水文模型要具备模拟冰川动力及冰川变化的能力是未来研究的重要内容（Radic and Hock, 2014）。

总之，冰川径流变化对水资源的影响是未来需要关注的重点内容。

（二）冻土的水文效应研究

据估算，青藏高原多年冻土含冰量达9500km^3，折合水当量约为8.6万亿m^3，是我国冰川储量的1.7倍（赵林等，2010）。过去几十年，我国以青藏高原为主体的多年冻土发生了显著变化，冻土变化对生态、水文、气候及工程均有重要影响。由于冻土活动层深度加大，活动层内土壤水分向下迁移，在冻土发育区的高寒草甸、高寒沼泽和湿地显著退化（图 5-6）。流域冻土-水文关系的研究表明，多年冻土的存在，主要影响地表产汇流过程，多年冻土覆盖率不同的流域，其年内径流过程即年内径流分配有显著差异；冻土年代际变化对径流的影响主要出现在高覆盖率多年冻土流域，多年冻土变化后导致下垫面和储水条件的变化，进而导致冬季径流增加。俄罗斯境内径流变化的分析和模拟表明，由于冻土冻结锋面及融化过程的改变，俄罗斯欧洲部分地表冬季径流显著增加，径流增加量高达 50%～120%，其主要原因是冻结深度的减小，其中由于冻结锋面变化原因占冬季径流增加的 56%，融化过程改变原因占 38%，秋季土壤水分增加占 6%（Kalyuzhnyi and Lavrov, 2012）。对流入北极地区的四条主要河流（勒拿河、麦肯齐河、鄂毕河及叶尼塞河）的研究表明，冬、春季径流增加，而夏季径流减少，与冻土融化及春季消融提前有密切关系。加拿大西北英格兰湾泥炭沼泽区多年冻土活动层对水文影响的研究则给出了相反的结果，由于活动层水力梯度的降低、活动层的增厚，以及沼泽高原表面积的减少，2001～2010 年多年冻土融化已经使地表径流减少了 47%（Quinton and Baltzer, 2013）。可见，多年冻土变化可导致地表径流或增加或减少，这种结果主要与多年冻土水热条件及地表水文环境有关。因此，深入理解冻土变化的水文过程及影响机理，是未来研究需要关注的课题之一。

（a）　　　　　　　　　　　　　　（b）

图 5-6　那曲两道河多年冻土的退化

注：图（a）显示 20 世纪 60～70 年代充满水体的高寒沼泽草甸，现由于冻土退化，水位下降，湿地消失，草甸干化，草甸已经开始退化。图（b）为该地已经严重退化的草甸（丁永建，2009）

冻融过程对水文的影响是多方面的，土壤冻结可以增加径流，增加土壤侵蚀，阻滞土壤水补给，增加积雪春季径流，以及延滞溶质向土壤深层输移。由于积雪与冻土关系密切，两者的水文相互关系也是高度关注的问题。尽管融雪的渗透十分重要，但由于冻土的存在，融雪期较夏季雨期土壤水分动力过程的定量分析更加困难。渗透到冻土中的水提供了潜热并增加了冻土层的温度，从而也使冻土未冻水含量增加；另外，在冻土层内和层上再冻结的融雪水又降低了融雪的渗透率。由于水的相变，融雪渗透过程受到许多因素的影响，包括土壤温度、冻结深度、前期土壤含水量、积雪厚度，以及这些因素之间复杂的相互作用。对于冻土对融雪径流的影响在全球水文学中的重要作用，已经开展了大量的相关研究，在多年冻土和季节冻土区流域径流的研究表明，冻土的影响具有大尺度水文效应。小尺度的过程研究表明，土壤中孔隙冰的存在，通常会降低土壤的下渗能力，形成较大的地表径流并减少地下水的补给。同时研究也认识到，融水可以通过空隙渗入冻土层内。到目前为止，对季节冻土对高海拔冻土融水通道影响还了解甚少，大多数的冻土实验是在斯堪的纳维亚或北极地区开展的，其土壤特性、积雪类型、气候和地形条件均有较大差异。相对而言，山区水文研究主要集中在积雪、冰川和多年冻土水文方面，而小尺度和大尺度季节冻土的水文效应还缺乏研究，这些应是未来冰冻圈水文学关注的重要内容之一。

对斯瓦巴德群岛浅层地下水的研究已经关注到多年冻土的浅表地下水，即在活动层内的水流过程，这方面的内容过去很少关注。活动层中的水流过程既包括壤中流，又包括入渗和蒸散发等垂向水分交换过程。活动层内水分的垂向交换过程，在许多陆面过程模型和一维冻土水热耦合模型中已经得到了较好的描述，相关的观测与研究也相对较多，但对壤中流过程及其随活动层深度变化过程的观测实验研究较少，仅在一些流域水文模型中得以体现。水文化学的研究结果指出，活动层的年冻融过程具有显著的水文学意义。活动层融化初期，气温上升到零摄氏度以上，与积雪的消退相伴出现。向下融化的速度开始很快，活动层内地下水储存和流动的能力随着活动层深度的加深显著增加，并在活动层底部形成冻结层上水。在此过程中，随着地面降水下渗的不断补给，活动层内降水径流会逐渐增加。随着气候变暖，多年冻土退化，活动层加深，这种冻结层上水与降水的补给关系也随之发生变化，这种冻土退化导致的水文响应过程的改变，应是未来值得关注的一个重要方面。此外，冻结层间水，特别是冻结层下水的运移规律和过程，以及其在流域尺度的水文效应，也是未来需要研究的内容，特别是在低纬度、高海拔山区，这些地区多年冻土碎片化极为明显，冻结层上水、层间水和层下水的交换较为频繁，但缺乏野外直接观测，且认识还不清楚。

在冻土显著退化的不连续多年冻土区，多年冻土的存在和变化不仅影响地表径流、土壤径流，而且与地下水也可能发生联系，形成地表水、地下水和多年冻土之间复杂的水文转化过程。这方面的研究目前已经受到一定程度的关注，但限于预测困难，对其过程和机理还了解不多，是未来值得高度关注的研究领域。

总之，冻土变化的水文效应尽管存在着诸多限制因素（图 5-7），但其研究已经受到广泛关注，是冰冻圈水文未来研究的重要领域之一。

图 5-7　阿拉斯加多年冻土区广泛发育着热融湖塘（热融湖塘影响着区域地表水文过程及水量的分布）

（三）雪水文研究

积雪在全球水循环中占据着重要地位，尤其是北半球中纬度及中低纬度山地。在美国西部，积雪融水占总径流的 75%，中国积雪融水也达到了 3451.8 亿 m^3，占全国地表年径流的 13% 左右。因此，雪水文研究在水资源管理中具有重要作用。雪水文研究已经有较深入的过程研究和从小尺度到大尺度的模拟研究，从融雪观测到机理试验、从过程模拟到流域径流，雪水文研究已经有了长足发展，取得了丰厚研究积累。然而，从雪水文研究的科学目标来看，最终需要通过研究，提供可预报、预测和预估的成熟方法和结果，即精准的径流预报预估为其核心目标，为了达到这一目标，对融雪过程的深入认识必不可少。因此，雪水文过程的精细化描述就成为未来研究关注的重点，包括雪的积累、密实化过程、积雪表面能量平衡过程、雪崩与风吹雪过程对融雪径流的影响、融雪下渗与雪层内融水的运移与传输过程、不同下垫面融雪径流的产汇流过程，以及积雪和融水与冻土等不同下垫面的相互作用过程等。

流域内积雪融水的时间过程、数量级别和空间分布决定着土壤湿度、径流的形成、地下水的补给及养分循环，为认识这些复杂过程，融雪水文的模拟成为雪水文研究的重点内容之一。无论是经验模型还是基于物理机制的能量平衡模型，考虑积雪的复杂过程，如上述的风吹雪、雪崩及升华过程，并力图通过模型，揭示融水下渗与径流机制成为主要趋势。积雪与季节冻土水热相互作用过程及其水文效应研究过程相对研究不够，而季节冻土和积雪相互作用区的面积十分广阔，尤其是对北半球农业、生态、地表环境、水文地球化学循环等均有不同程度的影响。因此，季节冻土区融雪水文过程及其效应研究是未来值得关注的重要领域。日本学者在季节冻土区选择分别代表寒冷气候和较暖气候条件的芽室町和札幌，对积雪融水在不同季节冻土区的下渗过程的融雪水文试验表明，季节冻土无积雪时冻结深度分别为0.4m和0.1m左右。在寒冷气候区由于积雪存在形成较浅的冻结深度时（<0.14m），融雪开始阶段并不会限制融雪水的下渗；但当无积雪覆盖形成较深冻结深度时，冻土阻滞下渗的效果就十分显著。由于积雪厚度是控制地表热量的主要因素，在气候较暖区，薄层积雪由于冬季短暂的降雨导致液态水大量冻结，这些富冰的冻土层及土壤中形成的冰层就会在早春限制融雪下渗。

在森林积雪区，为了摆脱以往依赖一个或几个站点资料检验模型的缺点，目前的研究已经应用了分层嵌入式样条分析法检验分布式模型，包括在不同高度带森林和去除森林条件下雪水当量的观测（Georg et al., 2009）。随着城市的扩张及城市化的不断发展，城市融雪过程也受到了关注。城市融雪及洪水的影响在美国、加拿大、斯堪的纳维亚、中国都不同程度地存在。一般而言，城市融雪强度较降雨强度要小，但在城市环境下融雪径流有其自身特殊的控制因素，准确的城市融雪模拟也有助于对冬季污染物传输过程的深入理解。城市对积雪再分布的影响、硬化地面的不透水性及融雪径流的管道化输出对城市融雪径流过程有着重要影响。除此之外，许多不连续积雪区的模拟问题也是融雪水文研究的难点，根据我国青藏高原的积雪特征，有学者提炼出了现阶段空间分布式雪水文模拟中的三个关键问题：网格尺度积雪空间异质性的模拟、风吹雪的空间参数化、季节性冻土下垫面的融雪模拟。

气候变化对雪水文过程的影响也是一个十分重要的问题，主要采用基于气候变化的包含雪水文过程的水文与水资源模型来评估这种影响。例如，智利中北部山区海拔 1000～5000m 流域的模拟表明（Sebastian et al., 2011），年平均融雪径流要比降水径流减少得更加显著，在未来气候变化情景下，由于冬季积雪的减少以及春季和夏季气温的升高，季节最大径流趋于提前。阿尔卑斯山区融雪变化的研究表明（Martin and Etchevers，2005），在海拔 1000～1500m 的中山带，积雪对气候变暖的敏感性最高，气温升高可以增加未来冬季径流，从而大大增加山区和低地平原区夏季干旱程度。阿尔卑斯山 2021～2050m 积雪变化较平缓，而 21 世纪后半叶将趋于显著减少，21 世纪末积雪高度将上升 800m，积雪水当量减少 1/3～2/3，积雪期减少 5～9 周。冬季径流增加的同时，春季径流峰值提前，夏季径流减少。

遥感技术在雪水文中的应用越来越受到重视。利用积雪监测数据，通过同化技术处理，在流域或更大尺度上获取积雪范围、雪水当量等已经成为主流方向。出现了许多数据同化方法，在雪水文方面常用的主要有变分同化和卡尔曼滤波转化方法。积雪数据同化研究一般是直接将积雪观测结果内插到陆面模型中。遥感数据与物理性或概念性的水文模型相结合，是理解积雪变化、融雪过程及流域径流的重要手段。

融雪径流对河流径流及流域水资源管理的影响研究受到发展中国家越来越多的关注。对兴都库什-喜马拉雅（HKH）的研究表明，流域融雪径流未来的增加，将会对流域水资源规划、管理和持续利用产生重要影响（Dibesh et al., 2014）。融雪的研究除关注水资源管理外，融雪径流时间分布及动态过程对水电生产、农业灌溉及管理和土壤侵蚀等的影响也受到更多关注，尤其是在环境影响评估方面，研究发现，在融雪期间河流中通常含有较高的营养物质。灾害性融雪洪水和对滑坡的诱发作用也是融雪研究中的主要内容。要正确、全面和准确理解融雪过程及其所产生的水文和环境效应，特别是对径流方式有显著影响的特定条件和特点过程，是未来研究中需要强调和关注的重点内容。对在南美亚热带半干旱流域积雪径流的模拟指出，流域尺度融雪径流的准确预估需要更加精细化的、小时分辨率的模型，才能评估 15 天左右的径流变化，包括冬季洪水的出现。这就要求水文模型必须能够刻画径流形成过程内在的非线性特征，这同时也为未来数据的可用性提出了巨大挑战。

总之，气候变化的影响、遥感技术的应用、精细化多尺度模拟将成为未来雪水文研究的重点。

（四）流域尺度冰冻圈全要素水文过程研究

在冰冻圈流域，冰川、冻土、积雪等不同水文要素的水文过程、作用的时空尺度、各自的水文作用存在着较大差异。同时，冰冻圈要素间又有着相互影响，与水文过程相伴的物理、化学、生物过程却很少被关注。因此，如何将冰冻圈作用流域作为整体，在考虑冰冻圈各要素水文过程及其流域水文效应的同时，将流域内不同植被下垫面的水文过程及流域水文效应纳入一个整体，综合考虑，系统分析，从而为准确分析流域的水量来源、径流过程、水情变化提供可靠依据，也为减少预测和预估未来变化的不确定性、提高预测和预估的精度和能力奠定科学基础。

流域综合分析的主要手段就是模型模拟。流域尺度冰冻圈全要素水文综合模拟已经开展了初步工作。我国通过在祁连山、天山和唐古拉山等高寒山区建立的冰冻圈水文观测试验平台，已经针对冰川、积雪、多年冻土和降水等水文过程的观测试验开展了综合分析，并构建了冰冻圈流域水文模型（CBHM），模型综合考虑了冰川、积雪、冻土、寒漠、灌丛、草地和森林等山区流域不同下垫面的水文因素，形成了水文要素完整、综合性较高的冰冻圈流域水文模型。这无疑为未来冰冻圈流域研究提供了重要手段。未来需要在实践应用中不断完善，在提高适应性、减少不确定性方面不断改进。在提高冰冻圈流域径流模拟能力的同时，应考虑将冰冻圈作用过程产生的化学、生物、泥沙等过程耦合到冰冻圈流域水文模型中，综合分析冰冻圈各要素在流域水文中的物理、化学和生物效应，这是未来模型模拟中需要逐渐发展的内容。

为满足山区流域模拟精度的实际需要，未来研究中全球大气模式输出结果的降尺度十分重要；高山区降水类型、降水量观测网布设及其观测误差校正是当务之急，精准的流域面降水输入估算是流域水量平衡估算及径流预估的前提和保障，当前高山区降水观测数据的紧缺已经成为该领域的瓶颈问题。利用水文气象耦合模式研究流域尺度环境变化的影响，包括在水循环中人类活动的影响，山区冰冻圈水文极端事件出现的频率与幅度及其对流域洪水、水资源利用和生态的影响，以及地面观测网与遥感监测的有机融合等均是未来冰冻圈流域综合水文模拟研究中需要考虑和不断完善的内容。

总之，流域尺度冰冻圈全要素过程的综合模拟将成为深入解析流域径流变化的必然选择，也是未来研究的重点。

（五）宏观尺度冰冻圈水文过程及其影响研究

近几十年，泛北极地区［由北极气候系统研究（ACSYS）定义为注入北冰洋的所有陆地流域区］已经发生了显著变化，主要表现在春季积雪范围减少、多年冻土活动层加深、河湖冰冻结日期推后、解冻日期提前，以及秋、冬季降水增加等方面。同时，北极河流季节和年径流量也发生了明显变化。这些变化直接与北极水循环紧密相关，并对陆地、大气和海洋全球气候系统产生了重要影响。北极流域的陆地径流占流入北冰洋净淡水量的50%，其在全球陆地对海洋的影响中起着独特作用。进入北冰洋的淡水径流的变化对极地海洋的盐度起着突出的主控作用，进而影响全球大洋的热盐环流。流入北冰洋的淡水量的准确估计与泛北极河流的径流有关，其不仅与冰川、积雪、冻土、降水等陆地表层水文要素有关，而且还与北极地区陆-海-海冰-大气系统的耦合机制密切相关。

过去几十年，欧亚北部（通常所指的是北极地区）河流发生了显著变化，尽管变化存在着区域差异，但其总体特征表现为：流量增加，尤其是冬季径流；多年冻土温度升高、冻土退化；多年冻土活动层厚度加大；冰川退缩；湖泊分布发生变化。径流变化与这些特殊水环境要素之间的关联目前还存在着认识上的差异。例如，河流增加的可能原因有年降水量增加、多年冻土融化、冰川退缩及水库管理等。因此，要深入理解欧亚北部水循环，并预估其未来如何响应气候和土地利用的变化，需要将定位观测和遥感监测、模型模拟和过程研究紧密结合，形成系统研究。定位观测和遥感数据的融合及其在大尺度模型中的应用至关重要。

针对寒区特殊地表要素，一些研究已经开发出了一些相关的陆面模式，这些模式的关键是实测资料的评价和校验，这就需要将空间覆盖范围适度的观测作为基础。冻土与风吹雪过程对大尺度能水循环模拟的影响还很不清楚，考虑冻土的模式大多数假设冻结水的存在限制了土壤中水的下渗，并且土壤热通量依据土壤含水量和含冰量与土壤热特性关系而改变。例如，在VIC模型（variable infiltration capacity macroscale hydrologic model）中考虑冻土算法时获得的春季峰值流量偏高，冬季基流偏低，而流域尺度径流的模拟结果并没有得到提高。陆面参数化方案比较计划（PILPS）的结果表明，经验的冻土参数化方案获得的结果相对更好。但是，考虑和不考虑冻土因素，模拟出的土壤含水量之间的差异还不是十分清楚。相同的研究发现，包含土壤冰的模型使模拟的径流偏小，野外研究表明，甚至在多年冻土中的有机质土壤水的下渗也不受影响。

以固态形式存在的冰冻圈诸要素，其冻、融过程导致水循环发生重要变化，进而影响大洋、河流水文过程及大气水分循环过程。因此，冰冻圈水文不仅影响陆地淡水对海洋的输入，也影响大洋热盐环流，同时也影响全球海平面变化。研究指出，在60°～90°范围南极、北极海洋的淡水年循环中，海冰和北极融雪参与的水量远超过降水-蒸发过程的水循环量；北极融雪与河流补给、山地冰川、冰帽及格陵兰冰盖、南极冰盖、海冰、冰间湖等冰冻圈要素的变化可以显著地影响海洋深水对流强度及深水的形成，从而影响海洋热盐环流。冰冻圈对海平面变化影响的评估仍然存在着较大的不确定性。从1990年开始的IPCC五次评估报告，历次对海平面上升贡献的评估结果相差较大。总体来看，若不考虑陆地水储量变化的影响，海洋热膨胀和冰冻圈这两大影响因子自工业化升温以来对海平面上升的贡献各占一半。

总结已有研究成果，在冰冻圈大尺度水文过程及其影响研究方面取得的进展可归纳为如下几个方面：①改进了包含具有模拟高纬度水文过程能力的陆面模型，模型中考虑了积雪的积累和消融、土壤冻融和多年冻土及径流的形成，更重要的是，考虑了植被覆盖及其生物地球化学过程变化；②在相关国际计划推动下，加强了野外观测，改进了积雪的积累、再分布、消融、冻土中的水下渗过程等的算法，发展了一维的寒区陆面模型；③宏观尺度水文模型开发用于模拟高纬度流域地表能水平衡和估算泛北极地域淡水平衡；④通过宏观尺度水文模型的应用，进入北冰洋的河流淡水输入得到了较好估计（目前的估计已经在合理的误差范围）。

综上可见，从北极陆地和海洋系统的宏观角度审视冰冻圈水文过程的变化、影响及其气候和环境效应受到了越来越广泛的关注，尽管相关的研究还很不够，但其必将是未来关注的热点，也是冰冻圈水文学研究的重点。WCRP的CliC计划确定了大尺度水文过程研究的许多关键问题，主要包括在大尺度径流、温度和蒸发模拟中冻土水分与风吹雪参数化的作用尚不清楚；寒区湿地和湖泊陆面模型需要进一步改进和校验；积雪过程观测及与冻融过程相关的水文过程的观测是大尺度水文模拟未来需要关注的重要内容；水文模型需要不断改进，大气和水文模型之间的耦合需要气候、积雪和冻土水文之间相互关系的深入研究，这些也是未来值得关注的重点。

总之，冰冻圈宏观尺度水文过程及其影响研究是宏观上理解冰冻圈与水圈相互关系的关键内容，也必将成为未来研究热点。

第二节　未来10年发展目标

根据冰冻圈水文研究现状、未来发展趋势及国家需求，冰冻圈水文应以冰冻圈科学学科体系总体发展的要求为主线，在构建、完善冰冻圈水文学总体思想统领下，针对宏观尺度冰冻圈水循环效应与流域尺度冰冻圈水文过程开展系统研究。在未来10年内使冰冻圈水文学趋于学科体系化，在大尺度冰冻圈水文循环及其影响研究中有所建树，在流域冰冻圈水文研究中创造出国际一流成果，使我国冰冻圈水文学研究处于国际领先行列。

一、发展和完善冰冻圈水文学的理论和方法体系

冰冻圈水文研究不仅涉及冰冻圈诸要素的水文过程、在寒区内水的时空分布与运动规律，而且密切关联着冰冻圈水文要素在流域、区域及全球水文循环中的作用。从基础科学的角度来看，冰冻圈水文主要研究冰川、冻土、积雪、海冰、河湖冰等相关冰冻圈要素在寒区的水文过程、变化机理、理论基础、研究方法。冰冻圈水文不仅研究寒区的液态水，而且与冰冻圈各要素具有紧密联系，是冰冻圈科学学科体系中不可分割的重要组成部分。如何在传统冰川水文学、冻土水文学及雪水文学基础上，顺应冰冻圈科学学科发展的需要，发展冰冻圈水文学，使其作为冰冻圈科学的重要分支学科，体系完善、学科成熟，从而为冰冻圈科学的发展做出贡献，是冰冻圈水文未来研究的主导思想，也是重要学科发展目标。

另外，冰冻圈水文学有着显著的应用学科特征，在整个流域、区域甚至全球尺度上，冰冻圈水文随着全球变化具有不同的作用，其不仅是水循环的重要组分，而且在流域水资源利用、生态保护、水电建设中具有重要作用。因此，如何通过发展冰冻圈水文学学科体系，通过机理分析与流域水文作用、变化过程与水资源持续利用、气候响应与未来预估等的研究，构建起完整的研究方法、理论体系、应用分析等学科体系，是未来冰冻圈水文研究发展的主轴。

二、深化对宏观尺度冰冻圈水循环过程及其影响的科学认识

冰冻圈要素的变化在区域及全球尺度上的水循环过程与水文效应是目前引起国际上日益关注的问题。在区域尺度上，如青藏高原冰川变化对东亚、

南亚和中亚水资源的影响；在全球尺度上，如冰川、冰盖、积雪和海冰变化对大洋温度、盐度及生态的影响。然而，目前在宏观尺度上对冰冻圈水循环和水文过程及其影响的研究还十分有限，对较大尺度上冰冻圈水文过程及水文效应的科学认识还十分肤浅，需要加深对其作用机理、影响程度等方面的科学认识。需要关注以下两方面问题。

（一）阐释宏观尺度冰冻圈水循环作用过程及水文影响的内在机理

宏观尺度冰冻圈水循环过程及水文影响研究是理解冰冻圈水文作用的重要科学问题，更是人们关注的热点和重点问题。在跨越多流域的区域尺度上，冰冻圈水循环过程十分复杂，这不仅表现在冰川、积雪、冻土等不同冰冻圈要素的水循环的时空尺度不同，水循环的作用机理差异巨大，而且各冰冻圈水文过程对河川径流、流域水资源、生态系统等影响的内在机制、影响方式、影响程度等均存在着差异，即使是单一冰冻圈水文要素，在宏观尺度上的水循环过程及其在区域的水文影响也很不清楚。因此，阐释宏观尺度冰冻圈水循环作用过程及水文影响的内在机理，不仅对提升冰冻圈水文科学研究水平十分重要，而且是科学、深入、合理认识冰冻圈水循环作用过程及水文影响的关键所在。

（二）探讨冰冻圈变化对大洋环流影响的过程、机理及模式

冰冻圈融化的淡水进入大洋不仅影响其温度，而且改变其盐度，大洋温盐的改变不仅会影响大洋环流，也会影响高纬度大洋中的生态系统，进而影响全球气候、生态和人类可持续发展。冰冻圈对大洋的冷淡水效应不仅与冰冻圈水文过程有关，也与冰冻圈融水注入的大洋水文条件密切相关。冰冻圈融水对大洋水文、生态的影响程度、作用机理及影响模式是深化对冰冻圈水文宏观认识的重要内容。针对这一问题，开展相关研究，对提升中国冰冻圈水文研究的国际影响力具有重要科学意义。

三、精细化流域冰冻圈水文过程及定量评估冰冻圈水资源影响

冰冻圈水文对人类最直接的影响主要表现在流域尺度上，因此，流域尺度冰冻圈水文过程的研究是冰冻圈水文学的核心内容。然而，在冰冻圈流域内，往往冰川、积雪、冻土、河湖冰等同时存在，各冰冻圈要素的水文作用

不同，对流域水文过程的影响各异，同时，冰冻圈流域内不仅有冰冻圈水文过程，而且同时存在着非冰冻圈水文过程。因此，如何精细化流域不同冰冻圈要素的水文过程，能够定量、动态、实时地评估冰冻圈变化在流域尺度上的水文影响及其水资源效应，是冰冻圈水文研究的主要目的所在。

流域尺度冰冻圈诸要素的水文过程较为复杂。一是冰冻圈对气候变化具有高度敏感性，冰冻圈在流域的水文作用也随着冰冻圈要素的变化处于加强或减弱的动态变化中，如何准确认识流域内冰川、冻土、积雪等冰冻圈要素在不同变化阶段的水文作用，面临着许多问题和挑战，精细化流域不同水文要素的水文过程，是认识不同水文要素在流域水文作用的基础；二是冰冻圈诸要素时空尺度差异较大，如何在流域水文过程中将冰冻圈不同水文要素的时间差异和空间差异有机地融合到流域水文模型中，从而定量认识不同冰冻圈水文要素在流域的作用及影响程度，精确评估流域水资源变化。

第三节　关键科学问题

冰冻圈水文研究面临着许多亟待解决的科学问题，冰冻圈水文要素不同，关键科学问题也有所不同。从冰冻圈水文学的视角和未来冰冻圈水文服务于社会可持续发展的需求来看，不同冰冻圈水文要素对水文水资源影响程度的定量辨识和作用的时空尺度与耦合问题，是未来冰冻圈水文研究中值得关注、也是十分关键的科学问题。

一、定量认识不同冰冻圈水文要素的水文水资源效应

不同的冰冻圈水文要素，在水循环、水文过程和水资源中的作用不同。在全球变暖背景下，冰冻圈水文要素以消耗潜热，将过去以固态形式储存的水转化为液态水为主要特征，使更多的液态水参与到全球、区域、流域、地方的水循环过程中，从而改变了原有的水文循环规律，影响了陆地径流过程和水资源数量的变化。同时也改变了海洋温度和盐度，影响了海洋密度的变化，进而影响了海洋水文和生态系统变化。然而，冰冻圈不同要素是如何及在多大尺度上影响陆地径流过程、水资源数量，以及海洋水文和生态系统变化的？这是冰冻圈水文研究中面临的重要而又十分关键的科学问题之一，也是实现“深化对宏观尺度（全球、区域）冰冻圈水循环过程及其影响的科学认识”和“精细化流域冰冻圈水文过程，定量、动态评估冰冻圈水资源影

响”两大科学目标必须要解决的关键问题。这些关键科学问题涉及面较广，需要通过以下具体问题的逐一解决，在未来10年中逐步回答。

（1）不同冰冻圈流域尺度冰冻圈水文要素的水文效应。

（2）区域尺度不同冰冻圈水文要素对径流和水资源变化影响程度的辨识。

（3）全球尺度冰冻圈融水对海洋水文与生态影响的定量评估。

二、准确判断不同冰冻圈水文过程的时空尺度

不同的冰冻圈水文要素在时空尺度上差异较大。例如，就空间尺度而言，山地冰川水文考虑的空间尺度主要是山区流域，而山地冰川整体在全球尺度上的变化又对大洋淡水输入及海平面具有显著重要性。因此，针对冰川水文问题，空间尺度差异巨大。而雪水文尽管在时间上具有季节性特点，但其在各个空间尺度上均对水文过程、水资源利用具有重要影响，因此在冰冻圈水文研究中，积雪是各个尺度上均需要考虑的水文要素。海冰水文主要在高纬度影响显著，但其对海洋水热交换、密度、大洋环流、生态系统影响的空间尺度及程度目前还很不清楚。理论上，冻土水文在不同尺度上对水文过程均有影响，一是其如何影响缺乏真实观测证据，二是冻土变化的时间尺度较长，它的影响要在10年以上的时间尺度上才能有所体现。由上可见，冰冻圈各水文要素作用的尺度存在较大差异，在同时考虑不同冰冻圈水文要素时，各冰冻圈水文要素的时空尺度问题是关键因素。要揭示流域、区域和全球尺度冰冻圈水文过程、作用机理，必须解决不同冰冻圈要素的时空尺度及耦合问题。

第四节　重要研究方向

根据上述分析，冰冻圈水文未来研究应以冰冻圈水文学学科体系建设为指针，围绕“深化对宏观尺度（全球、区域）冰冻圈水循环过程及其影响的科学认识”和“精细化流域冰冻圈水文过程，定量、动态评估冰冻圈水资源影响”的科学目标，针对判识不同冰冻圈水文要素的水文水资源效应和不同冰冻圈水文要素的时空尺度与耦合问题两大关键科学问题，重点在以下方向开展研究工作。

（1）宏观尺度冰冻圈水文研究的基础性问题：监测与高分辨率数据。宏

观尺度冰冻圈水文研究的主要手段在模拟，而制约模拟的主要因素就是数据问题。宏观尺度冰冻圈水文数据获取较为困难，除冰冻圈自身动态监测外，冰冻圈的水文观测在宏观尺度上是难以获得的。为此，需要通过现有的定位观测，结合遥感信息的提取，开展冰冻圈水文数据的同化与融合研究。未来研究重点包括：①流域尺度冰冻圈水文要素的观测与水文过程的试验研究；②冰冻圈多源遥感信息水文的提取、融合与同化方法研究。

（2）冰川动力响应过程与水文过程的耦合机制。冰川对气候的动力响应是预估冰川变化的关键，如何将冰川动力响应过程与冰川水文过程有机耦合，实现对冰川融水径流的准确预估，关系到冰川径流变化及流域尺度径流变化的准确模拟。同时，冰川动力响应与冰面、冰内、冰下水文过程有着密切联系，因此，需要从冰面、冰内、冰下及融水径流全方位开展系统研究。未来研究重点包括：①冰面、冰内及冰下水文过程研究；②冰川融水、化学及泥沙多要素径流过程观测与模拟；③冰川流域水文效应研究：④冰川动力模拟与冰川水文模型的耦合。

（3）冻土水文过程及效应。冻土水文研究是冰冻圈水文中的难点，为此，需要通过加强冻土水文观测试验，不断改进模拟模型，才能获得较好结果。未来研究重点包括：①小流域冻土水文观测试验研究；②流域尺度冻土水文过程及其水文作用研究；③区域尺度冻土水文模拟研究。

（4）雪水文过程的尺度效应及其水资源影响。积雪在地方、流域、区域和全球各个尺度上影响着水文过程，随着气候变化对积雪影响的日益显著，雪水文过程变化的影响显得也越来越重要。未来研究重点包括：①流域尺度内不同尺度（坡面、小流域、较大流域、全流域）雪水文的观测、试验与模拟研究；②区域尺度雪水文过程及其生态水文和水资源效应研究；③半球尺度雪水文过程研究。

（5）海冰水文过程。到目前为止，从水文学的角度对海冰的研究还相对较少。实际上海冰的冻融过程是改变高纬度海洋热盐过程的重要因素，同时海冰的变化通过海洋水文过程不仅影响大洋环流，而且影响海洋生态。未来研究重点包括：①典型区海冰水文过程监测研究；②海冰变化与大洋水文过程的耦合机制研究；③海冰变化的海洋生态效应研究。

（6）流域冰冻圈全要素水文过程及其模拟与水资源影响评估。流域尺度冰冻圈水文过程是冰冻圈水文研究的核心，也是关注的重点。流域内不同水文要素对流域水文影响不同，表现出各自的水文功能。在气候变化影响下，随着冰冻圈的变化，冰冻圈水文要素变化在流域水文中的作用更是关注的热点问题。未来研究重点包括：①流域气象、冰冻圈全要素水文观测试验研究；②冰冻圈流域水文过程的模拟及冰冻圈水文效应研究；③流域尺度冰冻圈变化对水资源影响的定量评估。

（7）不同冰冻圈水文要素在大洋环流中的作用及其尺度问题。冰冻圈要素不同，输入大洋的淡水效应有别。在冰冻圈水文对海洋水文及生态影响研究中，不同冰冻圈水文要素的作用及影响的时空尺度是十分重要的科学问题。围绕这一科学问题，未来研究重点包括：①冰雪水文过程对海洋水文的影响；②海冰冻融过程对海洋水文与生态的影响；③高纬度多年冻土对大洋水文的作用研究；④冰盖变化的海洋水文效应。

第六章 冰冻圈与地表环境

在全球变暖背景下，冰冻圈迅速退缩导致海平面上升、洋流变化、气候异常、生态变化、冻土碳排放、灾害频发和水资源安全等一系列重大环境问题，已引起全世界的高度关注。同时，由于冰冻圈分布广泛，其变化对于地表过程与环境的影响也十分大，包括地表侵蚀与沉积、地质灾害与荒漠化等多方面。长期以来，国外关于冰冻圈过程与地表环境研究已有相当大的进展，而我国在这一方面还缺乏系统性研究。本章将着重介绍与冰冻圈相关的地表过程，以及在未来气候变化影响下冰冻圈与地表环境研究的重要问题与方向。

冰冻圈过程是塑造地球表层系统的重要营力，全球变化带来冰冻圈组分不同形式的变化（如冰川退缩、冻土退化、积雪和海冰融化等），与之伴生的冰湖扩张、侵蚀和堆积作用减弱、海平面（湖水位）上升与寒区海（湖）岸侵蚀与坍塌作用加剧、热融喀斯特作用加强与冻融荒漠化发展等，这些过程与其他地表营力相结合，导致地表环境变化过程，以及诱发的灾害事件呈现频率增加的趋势。研究在气候变暖背景下，特别是在人类活动影响加剧条件下，冰冻圈变化带来的陆地表层系统变化规律，是地球系统科学研究的重要内容之一；提高对冰冻圈变化与陆地表层系统相互作用机理的认识水平，有助于改善人类对于地表环境不断变化的适应能力。

第一节　现状与趋势

一、冰冻圈变化与侵蚀过程

（一）海平面变化对海岸环境的影响

海平面上升将加剧海岸侵蚀、极端海岸洪水和咸水入侵。然而，海岸系统对上述影响的动态响应存在高度不确定性。由于全球平均海平面已经上升了数十年，有学者认为，全球海岸侵蚀和海平面上升之间存在联系，确定海平面上升在特定区域海岸线变化中可能的作用一直是相关研究的主题。然而，海平面上升将加剧海岸侵蚀的观点仍存在争议。一些案例研究表明，海平面的快速变化导致了海岸线后退。另外一些研究表明，即使在海平面快速上升影响的地区，仍未检测到海平面上升的影响，因为这些影响被波浪、海流、气旋和人为扰动所掩盖。当前的研究热点是加强现场观测，并改进海岸地貌建模工具，从而更好地分析海平面上升的作用，洞察自然作用和人为因素的耦合影响。

海平面上升将增大海岸洪水发生的频率和强度。海岸洪水叠加在上升的海平面上，导致底床摩擦减小，浪高加强，风暴增水的高度抬升，最终扩大洪水淹没范围。海岸洪水事件对未来海平面上升的响应分析可能存在的不足是做简单的叠加假设，即假设风暴潮强度不随海平面变化，只把上升的海平面叠加到洪水估计水位，来增加极值水位和海岸淹没的高度，将洪水水位水平扩展到海岸的低洼地区。然而，实际上，海岸洪水强度与海平面上升之间存在正向反馈，洪水在陆地上的演进取决于摩擦、风场和其他动力因素，利用水动力模型可更好地捕捉到这些因素。

海平面上升将增大海（咸）水入侵的可能性。一方面，在河口地区，海平面上升会增加河口潮汐动力，而在上游径流一定的情况下，枯季河口区咸潮上溯的影响范围和强度将增加；另一方面，全球气候变暖导致的海平面上升，使得海岸带地区咸、淡水分界面向陆地一侧移动，加剧了海水倒渗现象。

（二）冰冻圈侵蚀与沉积过程

地球表层地貌形态的形成与演化与内、外营力状况及其变化密切相关。冰川作用是地貌的主要外营力之一。冰川侵蚀作用主要包括磨蚀、拔蚀和冰下水蚀（包括物理侵蚀和化学侵蚀）等。冰川侵蚀形成的主要地貌类型包括角峰、刃脊、冰斗、U形谷、羊背石等。冰川的侵蚀速率主要与冰川的物理性质密切相关，其变化可以从冷底冰川的 0 mm/a 增加到温冰川的 10 mm/a（Harbor，2013）。冰川侵蚀、携带和搬运的冰碛物，除了悬移质可以随冰川融水被携带到下游地区外，绝大多数冰碛物将沉积在冰川外围地区，或随着冰川消退沉积在冰川曾经作用过的地区。冰川沉积物形成的地貌大多为终碛堤、侧碛堤、蛇形丘等。

冻融过程直接影响到冻土地区的侵蚀速率和边坡的稳定性。同时，随着全球气候的变暖，冻土地区的地表也会发生很大的变化，如地表的融化沉降、热融湖塘的扩大等。在富冰多年冻土地区，尤其是在河、湖、海岸地区，热融侵蚀异常强烈，随着全球气候的变暖，这种热融岸蚀速率均呈增大趋势（Kanevskiy et al.，2016）。

积雪对地表的侵蚀可分成其固体状态下的侵蚀和融化过程中的侵蚀。固体状态下的侵蚀包括雪崩侵蚀和风吹雪侵蚀，其明显的地貌特征就是雪崩槽和坡脚的碎屑物。积雪融化过程对地表的侵蚀主要是由冻融循环引起的物理侵蚀和由融水引起的化学侵蚀。山坡上引起雪蚀的典型地貌特征就是雪蚀凹地。由融雪径流引起的土壤侵蚀依赖于春季天气和土地利用类型，耕作土地的侵蚀速率最大，草地和未开垦土地的侵蚀速率最小。新近的研究还发现，融雪径流对于土壤肥力来说也存在一定的影响。

冰冻圈相关的侵蚀和堆积作用取决于气候变化幅度和强度，如何定量气候变暖影响下的冰冻圈大幅退缩和由极端气候事件造成的过度冻融作用对地表带来的侵蚀和搬运作用的变化，是认识气候变化影响下冰冻圈侵蚀与堆积作用变化特征的重要科学问题。

（三）冰冻圈灾害

冰冻圈灾害包括冰川洪水（含冰湖突发洪水）与泥石流、冰川跃动、冰雪/岩崩、风吹雪、冰塞、冻胀与融沉、冻融侵蚀，在局地和区域尺度上不仅带来下垫面环境变化，而且是冰冻圈地区居民和基础设施安全的危害威胁。研究冰冻圈灾害形成机理，发展减轻冰冻圈灾害的措施和技术是冰冻圈地区可持续发展面临的主要问题之一。

1. 冰雪灾害

包括中国在内的高亚洲地区是中低纬度冰冻圈最发育的地区，也是世界上冰冻圈灾害频发且影响巨大的地区之一。高亚洲地区冰雪灾害具有以下特点：①种类多。例如，雪崩、风吹雪、雪灾、冰湖溃决洪水、冰川泥石流等。②分布范围广、发生频率高。各类冰雪灾害在我国西部山区均有所分布，且各种冰雪灾害每年都有发生的可能。③时限性强。例如，冰湖溃决洪水和冰川泥石流多发生在7~9月（近年来，发生时间有提前和滞后的趋势），其他冰雪灾害多发生在秋末至次年初春之间。④受灾面广、危害严重。我国冰雪灾害呈线、面状分布。例如，冰湖溃决洪水和冰川泥石流是川藏公路、中尼公路与中巴公路等高发的灾害，同时它们还受到雪崩灾害的困扰。此外，这些冰雪灾害多发生在经济基础较薄弱、抗灾能力较差的西部少数民族地区，因灾经济损失相对较大，灾后复苏困难。甚至部分冰雪灾害为跨境灾害。例如，阿克苏河源区的麦兹巴赫湖溃决洪水，喜马拉雅山中段冰湖溃决洪水，其灾害不仅危及国内，而且波及邻国。

在近期冰川退缩影响下，一些地区冰川阻塞湖、冰碛阻塞湖大量出现并迅速发育，冰川/冰碛湖突发洪水对山区的工矿建筑、道路交通、生态环境及国防工程等的危害与威胁日益加大。青藏铁路与川藏公路纵贯数个冰川区，是深受冰雪危害的国家战略工程。据估计，每年中国西部因冰雪灾害造成的损失均在百亿元以上，冰雪灾害已成为相关地区经济社会发展的重要制约因素。此外，冰川区因冰川作用与寒冻风化形成了大量碎屑物质，冰雪融水、冰湖溃决洪水与碎屑物质混合导致的冰川泥石流对中国西部交通干线（如川藏公路、新藏公路），以及与周边国家的国际交通要道（如中尼公路、中巴公路等）产生了很大的危害。

从20世纪50年代以来，为了适应西部经济开发和国防建设的需要，我国科技工作者逐步对冰雪灾害的形成、分布规律及防灾、减灾措施等进行了深入的研究。在天山、藏东南、滇北等地开展了雪崩、公路风吹雪调查与防治研究；在叶尔羌河上游、喜马拉雅山中段的中尼公路、藏东南的川藏公路及新疆天山独库公路和帕米尔高原中巴公路、阿克苏地区等开展了冰湖溃决洪水与冰川泥石流的成因、分布及防治对策研究；在西藏、新疆、内蒙古等地探讨了雪灾形成、分布规律及春季融雪性洪水灾害防治对策研究。虽然我国的冰雪研究已取得了长足的进展，但对于大范围冰雪灾害发生的机制及其与环境的相互作用、灾害过程的实时监测、灾害损失评估等工作尚处于发展阶段；对冰雪灾害的早期预警及发展趋势预测尚处于探索阶段。目前，冰雪灾害评估在国内外尚无一套完整的评估指标体系，亦无完整的统计方法和标准。

2. 冻胀与融沉

当土温降至冰点以下，土体原孔隙中部分水结冰体积膨胀，特别是在土壤水势梯度作用下未冻区的水分向冻结前缘迁移、聚集，导致土体体积膨胀。在自然条件下，地基土及土工构筑物本身土质、水文及冻结条件的不均一性，造成建筑物不均匀冻胀变形而不能正常运行，甚至破坏，或者即使在冻结时尚能运行，一旦融化便丧失承载能力而破坏，这些都称为“冻胀破坏”，简称“冻害”。综观寒区工程，土的冻胀作用是季节冻土区各种工程产生冻害的主要原因，也是造成多年冻土区建筑物冻害的主要原因之一。自21世纪30年代以来，北半球高纬度各国即开始对土的冻胀过程、基本理论及其应用进行研究，这些研究根据寒区公路、铁路、机场跑道、水利设施、油田、矿山及林场建设的实际需要，制定出70多种不同工程需要的土的冻胀敏感性判别方法，为防治工程冻害提供了依据。不少国家还对土粒与水界面作用、土冻结时水分迁移动力与机制等基础理论进行了深入研究。

融沉是指因冻土中的冰融化产生的水排除，以及由土体的融化固结引起的局部地面向下运动，是由于自然或人为活动改变了地面的温度状况，引起活动层深度加大，地下冰或多年冻土层发生融化所致。气候变暖和人类活动改变了多年冻土的热量平衡状态，致使活动层厚度不断加深，地下冰融化。

青藏铁路格尔木至拉萨段全长为1142km，穿越多年冻土区长度为632km，其中高温高含冰量冻土区约为124km，以热融性、冻胀性及冻融性灾害为主的次生冻融灾害对路基稳定性存在潜在危害，尤以冻土路基沉降造成危害最大。青藏公路自铺沥青路面以来，由于黑色路面的吸热作用，路面温度大幅升高。早期研究表明，青藏公路路基以融化下沉类病害为主，全部病害中该类病害占到了83.5%，由冻胀和翻浆引起的路基破坏较少，约占16.5%。现场调查发现青藏铁路 ± 110kV 输变线塔基的主要病害是融沉，相比青藏铁路 ± 110kV 输变线，刚投入运行的 ± 4000kV 输变线由于荷载变大、基础尺寸扩大的特点，未来运营期间融沉也将是其最重要的病害。早期对于融沉灾害的研究集中于成灾机理和治理措施方面。随着气候变暖对热融灾害发展及其对冻土环境的影响，区域性灾害评价研究得到了快速发展。未来的气候变暖将继续引起或加速冻土融化过程，对公路路面、铁路地基、桥梁、房屋建筑、输水渠道、水库坝基等带来潜在威胁，在工程设计和维护方面如何减轻冻土融化导致的负面影响，需要认真思考和研究。特别是在城镇区域和骨干交通沿线，由于叠加了局地尺度的城市热岛效应，以及人类活动干预，冻土融化对建筑物和交通设施的影响问题将变得更为突出。

3. 冻融侵蚀与荒漠化

近几十年来，随着全球气候变暖和高原上人为活动的加剧，多年冻土发生退化，高纬度多年冻土区，包括青藏高原在内的高海拔多年冻土区土地冻融荒漠化广泛发育，对这些地区的可持续发展构成了巨大的环境压力。青藏高原冻融荒漠化发展趋向反映了区域气候变暖和人为活动增强的双重影响。

青藏高原气候寒冷、干旱，寒冻风化作用强烈，冻融作用频繁。这种特殊的气候环境使冻融作用过程频繁发生，且延续时间很长，强度大，是冻融荒漠化形成的重要动力。多年冻土对温度反应敏感，冻土变化，特别是退化时，冻土层发生水分和热量迁移，土壤含水量降低，同时还表现出冻胀、压缩、蠕变等过程，进而导致地表植被退化甚至沙化。青藏高原冻土区的地表植被一般都稀疏、低矮，多为垫状植物，单株个体矮小，覆盖度仅为15%～40%，且生长期短，植被生态系统十分脆弱，难以抗拒冻土退化的影响，微弱的自然和人为扰动，即可加剧植被退化，甚至荒漠化。

冻融荒漠化是高海拔地区特有的土地退化过程。近40年区域气候持续变暖，人为活动频率与强度加剧，鼠类活动猖獗，使浅层多年冻土的冻融过程加剧，从而形成冻融荒漠化土地。其形成过程主要有多年冻土季节融化层增厚-地下水位下降-地表土壤干燥化、地表覆盖改变或地下融水增加-冻土融冻界面热融-地表沉陷破碎、冻融作用过程和斜坡过程受到强化等。预测未来20～30年冻融荒漠化将继续发展，程度加重。

二、发展趋势

（一）大尺度冰冻圈变化及其对地表环境影响的监测

认识冰冻圈对地表环境的影响离不开对冰冻圈自身变化的认识，技术进步是探测冰冻圈不同尺度变化的保障。随着现代遥感与地理信息系统技术的飞速发展，遥感监测的全球覆盖能力、区域快速重复观测能力，以及其高空间分辨率优势，遥感技术在冰冻圈变化监测过程的研究中得到了广泛应用，获取那些难于观测地区的冰川变化信息成为可能，并且能够得到冰冻圈变化的近实时信息。

云、雪、表碛及阴影的影响，依然是利用光学传感器进行冰冻圈变化监测的主要障碍。就我国冰川变化遥感监测与研究现状看，无法通过简单的波段比值或常用的分类方法来解决，即使这些方法可以被应用，但后期仍需要大量人工修订。国外一些尝试表明，除了尝试在轨或即将发射的高分辨率光学卫星之外，合成孔径雷达，因其不受云量影响，在冰川边界提取方面有较大的应用潜力，表现在 SAR 振幅受下垫面类型和土壤湿度影响，可以用于冰川边界识别；一对 SAR 的干涉系数随冰川表面运动或变化而出现失相干特征，这一特征可用于识别冰川（包括表碛区）边界。不同于其他下垫面，表碛覆盖冰川仍有运动现象，应用基于光学或雷达技术的冰川表面运动速度提取，可以辅助判断表碛覆盖区冰川的边界。

在获取冰川储量变化、冰川运动、冰川消融、冰川湖水位与水量变化等信息方面，雷达测量技术（ERS-1/2SAR、JERS-1SAR、SIR-C/X-SAR、RADARSAT 和 ENVISAT 等）因其准确性、全天时、全天候的特点，被广泛应用于极地冰盖制图、冰量变化、表面运动特征等方面。利用差分干涉技术测量形变，视线方向精度可以达到半个波长，对于 ERS 和 ENVISAT 雷达数据波长为 5.67cm，形变测量精度可达到厘米级。雷达干涉测量技术为冰川的动态监测提供了新的技术支持。

目前已有大量存档卫星数据或众多在轨商业卫星可以提供生产高分辨率数字高程数据产品，如 ASTER、中国的资源三号卫星（ZY3）、印度遥感卫星、日本大地卫星、SPOT5/6/7/Pleiades 卫星等，这些卫星同轨或异轨多视角拍摄的高分辨率影像，其制作的数字高程模型在其他领域得到了广泛应用，在冰川体积变化监测方面的应用潜力巨大。德国空间局两颗完全相同的合成孔径雷达卫星 TerraSAR-X 和 TanDEM-X 编队飞行，形成了跨轨和沿轨方向上可调整基线的单通 SAR 高分辨率雷达干扰仪，以 100～500m 的典型跨轨基线，提取全球高精度、高分辨率的高程模型 WorldDEM。该数字高程模型垂直精度可达 2m（相对）和 4m（绝对），像元尺寸 12m × 12m，是高海拔偏远地区冰川体积变化监测的宝贵数据。激光测高和数字高程模型产品相结合，可获得可靠的冰川体积 / 物质平衡变化信息。

遥感数据也是提取大尺度积雪信息的有效手段。最早的雪盖监测是从地面摄影测量开始的，之后逐步发展到利用航空器、航天器和卫星搭载的可见光、红外线及微波等传感器资料监测积雪。从定性描述到定量计算，从目视判读到自动量化，从雪盖面积到雪深、雪参数到融雪径流模型，从辐射传输到能量模拟，经历了迅速发展的几十年。尤其近几年来性能优越的各种微波传感器被不断投入使用，以及与之对应的地面测量数据验证计划、基础理论的研究和应用方法的开发，使积雪定量遥感研究上了一个新的台阶。雪盖制图的主要产品是雪盖面积与雪水当量，按照传感器波段特性，雪盖制图的数据源可分为可见光 / 近红外和微波产品两种。可见光 / 近红外产品主要提供雪盖范围，微波遥感由于对雪盖有穿透能力，并在云盖或夜间状态下能获得数据而具有广阔的发展前景。雪盖厚度、含水量、雪密度是微波遥感反演的主要雪产品，而其中最广泛的微波雪盖制图产品是雪水当量。

多年冻土的水热过程及其区域差异一直是冻土学监测和研究的关键，其中定点监测是获取多年冻土特征和变化的主要方法。随着技术手段的更新和发展，监测内容从钻孔温度的人工监测逐渐向对多年冻土水热过程及其环境因子的全自动综合监测发展。为了揭示冻土特征和变化、多年冻土水热过程与气候、生态和水文等过程的相互作用，以及所有这些特征、变化和过程在全球幅度的区域差异性，国际冻土协会（IPA）从1998年开始推动全球化的与多年冻土相关的监测网络，并积极参加与WCRP、IGBP乃至IUGG的合作，构建了全球陆地冻土监测网络（GTN-P）、环北极地区多年冻土活动层监测网络（CALM）、国际冻原试验计划（ITEX）和全球冰冻圈监测网（GCW）等一系列国际性监测计划等。监测手段也由定位监测逐渐发展为目前的地面定位监测与遥感监测相结合的综合监测体系。

湖冰是区域气候变化的敏感指示器，大的湖泊封冻和解冻日期的变化对区域气温的变化非常敏感，研究表明，北半球中纬度地区秋天或冬天的1℃气温变化，会给平均封冻日期或解冻日期带来4～6天的变化。常用卫星遥感结果与地面实况很吻合，已经被列入地球观测系统（EOS）研究。早期利用光学遥感数据提取湖泊封冻和解冻日期，受云层等影响其有效获取数据的时间分辨率较低，目前利用微波遥感数据研究湖冰逐渐成为主流方法。虽然利用高分辨率的主动微波遥感（SAR）时间序列已经开展了不少工作，但是因为其数据价格高、时间分辨率低，一直都处于个例研究，而被动微波遥感数据虽然空间分辨率低，但是对中高纬度地区的重访周期为1～2天，完全满足了大的湖冰监测需求。目前北半球湖冰观测站点逐年减少，遥感观测的作用日显重要，遥感监测湖冰的方法也正在从单一的传感器向多源遥感数据发展，如被动微波辐射计和雷达高度计的协同等。事实上，目前还没有遥感获取的湖冰信息长时间序列数据产品可用，因此亟须开展该方面的研究，以填补国际上的空白。

遥感技术的快速发展与应用，使其成为获得区域古冰川地形分布、特征及其规模的有效手段（Benn and Evans，2010），遥感与GIS技术手段与冰川地貌区域考察相结合可获得古冰川空间演变规律。

当代科学技术的进步对古冰川的研究起到了推动的作用，特别是宇成核素（CRN）、电子自旋共振（ESR）、光释光（OSL）等可对冰川地形进行直接定年的测年技术的发展与应用，在广度与深度上推动了古冰川研究的深入发展（Ehlers et al.，2011；施雅风等，2011）。第四纪冰川研究已经由传统的定性描述与推测，以及与经典古气候环境记录曲线对比的研究阶段，进入了一个以技术测年为特点的定量的实验研究阶段。

遥感与 GIS 技术与精准技术定年相结合是现阶段与未来几年内第四纪冰川研究的趋势与重点。在精准年代学框架建立的基础上，利用冰川动力学模型、冰川面积-体积模型可获得特定地质历史时期的古气候信息，重建古环境，最终获得冰冻圈时空演化规律，为预测未来冰冻圈变化提供理论支持。

（二）冰冻圈变化对地表环境影响的发展趋势

冰冻圈变化直接影响冰川冻土灾害发生频率、程度与影响范围（Slaymaker and Kelly, 2007），同时是塑造地表形态最积极、最重要的外营力之一。在高寒地区可形成形态独特的冰川侵蚀与沉积地形，在冰川作用区，角峰、刃脊、冰斗、槽谷、冰碛垄等宏观的冰川地形是较容易判读与识别的冰川地形。山地冰川消融退缩和冰湖扩张，已引起了冰湖溃决洪水、冰川泥石流等重大冰川灾害发生频率加剧和影响程度加大。在天山、喀喇昆仑山、帕米尔高原、昆仑山、喜马拉雅山、横断山等山区冰川消融区，部分或全部覆盖了一层厚度不一的表碛。在表碛覆盖冰川消融区，由于表碛厚度的不均匀分布，容易形成冰面湖泊，这些冰面湖泊存在潜在溃决洪水的危害，从而影响周边地区人类的生产和生活（王欣等，2015；Ben et al., 2012）。雪崩灾害作为冰冻圈环境变化的产物，其研究得到了社会各界的广泛关注，现已成为冰冻圈变化研究中的一个重要领域。

冰缘地貌是地表岩土层经周期性的冻融作用而形成的独特地貌景观，其形成过程与寒冷的气候条件有着密切联系。现在活动的冰缘地貌现象大多与多年冻土的分布范围一致，因此，冰缘地貌常被用来作为现代多年冻土发育的标志，而冰缘地貌遗迹（古冰缘地貌）也是指示历史多年冻土存在与否及发育程度的重要标志。不同类型的冰缘地貌的形成过程不同，按照冰缘地貌形成过程中的主要作用营力，冰缘地貌可被划分为寒冻风化-重力作用形成的冰缘地貌、融冻蠕流-重力作用形成的冰缘地貌、冻融分选作用形成的冰缘地貌、冻胀冻裂作用形成的冰缘地貌、热融扰动作用形成的冰缘地貌等。气候变暖引起的多年冻土退化趋势，对冰缘地貌的形成、分布等产生了重要的影响。在极地地区，冻土退化往往使地面沉陷，形成热喀斯特，地表积水，林地退缩，代之以湿地沼泽。而在青藏高原多年冻土地区，冻土退化最主要的环境结果是地下水位下降，植被退化，地表沙化、盐化；一些研究指出，多年冻土退化严重破坏陆地水文循环平衡，地下水与地表水补排关系倒置，间接地加速了这些地区地表环境的变迁，其结论仍需观测验证。

近期研究指出，青藏高原受气候变暖、人类经济活动增强影响，沙漠化不断扩展和漫延。例如，黄河源区扎陵湖、鄂陵湖周边、长江上游的通天河谷地、若尔盖地区，以及青藏公路沿线的河谷、可可西里腹地的卓乃湖-库赛湖流域等地有沙漠化趋势，但对高原沙漠化成因有不同认识。有研究指出，青藏高原干冷、降水不足、风力强劲、气温变化剧烈的气候特征是高原地区发生沙漠化的气候原因；而以易风化的变质岩和厚层的冰水沉积物为主体的岩土条件，为发生沙漠化提供了潜在的物质基础。冻融循环对荒漠化影响机理的研究也有较大进展，高寒荒漠化防风固沙技术研究也取得了系列成果。总体来看，以青藏高原为主体的沙漠化研究已经从单纯机理研究转化到理论与实践相结合的应用研究，与区域生态环境治理和社会经济建设的需求结合更加紧密。从研究的技术手段上看，已经从过去的短期考察、人工监测等手段发展到以自动仪器连续监测、遥感资料分析和数值模拟手段相结合的综合研究。

多年冻土强烈退化和升温，地下冰融化，使北半球多年冻土区各种构筑物处于冻融灾害的高风险区，使我国冻土灾害导致工程稳定性问题越来越突出。同时，形成了较大面积的冻融荒漠化土地，对区域的可持续发展构成了很大的环境压力。由于多年冻土对温度波的响应具有滞后效应，考虑温度波传递的滞后效应和高原人为活动强度基本未减弱的情景，初步预测未来20～30年青藏高原由于多年冻土退化导致的冻融荒漠化仍将形成发展，其速率可能与过去数十年大体相近，但程度将加重。

冰冻圈变化已成为诱发寒区各类灾害频繁发生的重要原因，揭示气候变化背景下由于冰冻圈变化引发的环境问题和灾害成因，以及对工程的影响已成为冰冻圈气候变化的重要领域。为此，结合遥感、定位监测和冰川动力学模拟研究来建立冰冻圈变化潜在灾害的监测和预警系统成为国际上最新发展趋势。法国、瑞士、意大利、奥地利、挪威和冰岛6个国家联合启动了“冰川风险（GLACIORISK，2001—2005）：欧洲山地极端冰川灾害监测与防治”研究计划，旨在诊断、监测和防治未来冰川灾害。国际山地综合发展研究中心（ICIMOD）启动了“喜马拉雅山冰川与冰湖编目以及全球变暖导致的潜在冰湖溃决洪水识别（2008～2010）”研究计划。俄罗斯、美国、加拿大和我国都通过工程技术系统与自然环境相互作用下多年冻土动态变化的监测，评估了多年冻土退化对工程建设和营运的潜在影响（Wu et al., 2006），并通过气候变化下冷生灾害的自然风险评估数据库，定性评价和定量预测了各种冻融灾害的风险评估及其和气候变化的关系。欧洲专门提出了“气候变化、高山多年冻土退化和岩土工程灾害研究”计划，定量评价与高山多年冻土退化有关的环境和岩土工程灾害的过程和机理。

第二节　未来10年发展目标

一、冰冻圈灾害的演化机理

随着气候变暖，我国的极端冰雪灾害事件频繁发生。例如，2008年年初发生在南方的冰冻雨雪灾害、2009年与2010年冬季发生在渤海的严重冰情、2010年春季发生在新疆北部的严重雪灾及因融雪形成的洪水灾害等，对居民的生命财产和当地的社会经济发展带来了巨大危害。这些冰雪灾害背后的问题是我们对其形成规律缺乏认识，而且没有系统的应对方案，因此亟须开展相关科学问题的研究，以提高我国防灾、减灾的能力。

随着气候变暖，我国的冰雪冻土灾害发生的频率呈显著增加趋势，影响范围也逐渐扩大。由于缺乏关于冰川、冻土、积雪等对气候变化响应过程与机理的系统认识，面对气候变化诱发的众多冰川、积雪和冻土灾害，我们还缺乏冰冻圈灾害监测、预测预警方面的适应对策。因此，开展全球气候变化背景下冰冻圈变化对灾害的形成机理及其变化趋势的研究，具有重要科学和现实意义。未来10年的具体目标是：①调查和评估高亚洲典型区域冰冻圈变化对水资源、灾害发生危险程度及寒区工程建设的影响，以冰雪灾害频发的流域为重点研究区，研究近期冰雪灾害的影响范围和程度；②在分析冰雪灾害发生的气候条件的基础上，研究冰雪灾害的分布与变化规律，提出应对策略；③以多年冻土分布区为重点研究区，分析冻土地质灾害发生的条件，分析气候变暖对冻土灾害发生的程度，以及对工程建设的影响，提出应对策略。

二、冰冻圈地貌过程的机理研究

冰冻圈地貌过程的定量化研究是未来有望取得进展的努力方向。①冰川侵蚀作用的定量化。定量揭示冰川的侵蚀速率，大陆型与海洋型（温型）冰川冰下水文过程与运动速度及其对侵蚀作用的影响，研究冰川过度下切作用特征及其对潜在冰川湖形成、过度下切区边坡稳定性等的影响。侵蚀与过度下切作用在各种时间尺度的强度及其与气候变化的关系。在那些潜在核废料埋藏的冰川作用区，尤需重视冰川侵蚀特别是过度下切带来的不利影响。②基于物理过程的寒区冻融作用对边坡稳定性的影响机理；模拟石冰川形成条件、运动速度，揭示其对冻土变化的指示作用。识别冰雪崩过程中环境与力学在土壤演化与基岩侵蚀中的控制作用，从而为冰雪崩灾害预报奠定基础。③揭示冻土冻融过程及活动层水分变化与多年冻土区沙漠化的关联机制，明确多年冻土退化对地表水文环境和植被的影响，从而为抑制多年冻土地区迅速发展的沙漠化过程提出适应性对策。利用数值模拟手段，明确多年冻土区道路和远程引水工程为主的线性工程建设引起热融滑塌、热融侵蚀等现象的内在机理，优化不同特征冻土区的工程建设技术方案。④开展冰缘地貌，如冻胀丘、泥炭丘及石冰川等形成的机理和变化的驱动因素，明确这些地貌的发育与多年冻土特征之间的相关性。

第三节　关键科学问题

一、冰冻圈变化对气候变化的响应机理

冰冻圈各要素随气候变化的内部动力机制有较大差异，对气候变化响应机理各不相同，产生的影响千差万别，冰冻圈变化速率与地表环境变化幅度、范围，以及与之关联的海平面变化引起的系列变化等联系紧密。只有深入研究冰冻圈变化对气候变化的响应机理，才能系统掌握冰冻圈各要素的变化规律，从而为冰冻圈变化对气候、生态、水文和环境影响的深入研究提供科学基础。由观测点到区域，由单条冰川到流域乃至区域冰川，由单一冻土类型到不同冻土类型，从冰冻圈变化动力响应过程与变化的时空差异上开展冰冻圈变化机理研究，对深化冰冻圈变化机理的科学认识水平，突破冰冻圈变化影响研究的瓶颈具有重要的基础科学意义，也是国际关注的热点和前缘研究领域之一。

冰川对气候变化的响应受到包括冰川表面物质平衡过程、冰温、运动速度、底部滑动等过程的控制。冰川区融化、雪的密实化、反照率变化等决定了冰川表面能量 / 物质平衡的变化，进而通过冰川运动带来不同的冰川变化表现。因此，一个地区的气候背景及其变化决定了冰川物质平衡水平、冰川

性质、冰川对地表环境及其变化的塑造能力，研究冰川作为地质营力的变化对气候变化的响应特征有重要的理论价值，仍然是国际冰川学研究的核心科学问题之一（刘时银等，2017）。

多年冻土对气候变化的响应机理一直是冻土学研究的热点，气候变化影响冻土中水-冰-气三相转化，进而影响土壤的热力学和水力学性质。针对不同类型冻土的定位监测对揭示多年冻土分布特征，预估多年冻土变化有重要作用。随着技术手段的更新和发展，监测内容从钻孔温度的人工监测逐渐向对多年冻土水热过程及其环境因子的全自动综合监测发展，从而为揭示冻土特征和变化、多年冻土水热过程与气候、生态和水文等过程的相互作用，以及所有这些特征、变化和过程在全球幅度的区域差异性奠定了数据基础。区域陆面地气能水交换通量与冻土的水热过程有着密切关系，构建适宜于多年冻土独特特征的陆面过程模式，准确获取陆面参数，进而提高全球气候模式的模拟和预测水平，成为多年冻土学现阶段的主要学科方向之一。

对于冰盖动力学模拟而言，主要问题在于正确获取各种边界参数，如表面物质平衡、底部特性（冻结或融水、冰下地形）、快速冰流、冰架与大气、海洋的相互作用、冰后回弹等。多手段提取这些参数是实现冰盖变化数值模拟，评估其对海平面变化影响的重要基础。

发展山区、高原等特殊下垫面积雪遥感方法为基础、以台站观测数据为依据，融合和同化生成不同尺度高精度积雪数据产品，系统探讨不同尺度季节性积雪的时空变化规律，阐明陆地季节性积雪变化的区域差异及其对气候变化的响应机理。

以我国在两极地区的科学考察和观测系统为依托，研究南极冰盖典型冰流系统的动力过程及其对气候系统的响应机制，预估其未来变化；系统研究在全球气候变暖背景下，北极海冰的时空变化特征，以及海冰变化与海洋和大气环流变化的关系，特别是影响东亚气候变化的过程和机理。

二、冰冻圈多尺度能量水分循环对地表环境的影响机理

冻土的存在改变了岩土的力学性能、渗透能力和热物理性能，当冻土变化时，将不同程度地对区域生态环境、水文环境及地表形态产生影响。在全球气候变暖背景下，冻土退化导致了一些地貌景观和灾害性冰缘现象的增加，以及区域生态水文环境的改变，如广泛的边坡失稳（牛富俊等，2004）、融冻泥流和热喀斯特作用增强、植被退化、水土侵蚀加重，甚至沙漠化。另外，地貌环境的改变又深刻影响着冻土内部水热条件的变化。这些变化过程

和相互影响的物理机制，是建立在冻土区不同尺度能水循环基础之上的。开展冻土区地表环境变化的研究，其关键问题是厘清多年冻土区能水循环的变化规律和对地表的影响方式。

活动层、冻土体本身，以及下伏融土通过能量和水分交换构成了一个完整的能水平衡系统，这个系统对气候变化的响应有其独特的方式。多年冻土温度条件及岩土热物理性能差异是多年冻土对气候变暖响应的关键因素，开展网络定位监测、模拟试验，从而获得高分辨率冻土地下冰含量、岩土粒度级配、孔隙度，以及导热系数、土壤热容和土壤热扩散率等基本参数，有助于从物理基础上揭示大尺度地表冻土变化规律，进而揭示多年冻土地区地表环境变化的内在机理。

随着地球系统科学的发展，发展多年冻土区地-气能水平衡模型，特别是包含整个多年冻土层的物理模型，已成为改善大尺度陆面过程模型、GCM及地球系统模型（ESM）的突破口。

冻土变化与植被、积雪及地表水体变化之间的相关关系研究，仍以基于观测定性分析为主，一些推断尚需大量观测和理论分析。目前一种观点认为，多年冻土退化可以导致沼泽湿地的疏干，植被类型由沼泽草甸向高山草甸、草原、荒漠化草原逐渐过渡，最终导致地表荒漠化趋势扩张，这一认识来自对有限地区不同草地类型与多年冻土发育现状的对比分析，仍需大量观测验证。多年冻土退化可导致地表水与地下水补排关系变化，多年冻土上限加深，冻结层上潜水位下降，使地表水与地下水的补排关系发生倒置，河水补给地下水；冻土消失，融区扩大，使冻结层上水疏干，可容空间增加，在补给量减少的情况下，发生区域地下水位下降及区域地表、地下水动、静储量减少，最终导致部分河源在源区的频繁断流，地表环境发生显著变化。

第四节　重要研究方向

一、寒区地表化学风化

化学风化发生在大气圈、岩石圈、生物圈和水圈交互界面，是联系各圈层地球化学元素循环的纽带，是地球系统中发生的最基本的化学反应之一，在构造时间尺度上调整地球系统温度，使之在一定范围内振荡，为生物创造合适的生存环境。全球化学风化现代过程研究表明，湿热地区化学风化速率高，而在干冷的地区化学风化速率比较低，其速率不仅受到气候因素的影响，也受到岩石岩性、地貌、构造、大气中 CO_2 丰度、生物及人类活动等因素的影响。近期发现冰川区化学风化速率不低于全球平均水平，显示温度不一定是控制化学风化速率的唯一因素，因此冰川作用区化学风化及其对大气中 CO_2 的消耗受到广泛关注。

冰川流域化学风化研究限于有限地区，区域或全球性化学风化速率估计也多基于有限数据。此外，现有在一些地区的研究所得结果的代表性值得推敲，尚需在相同采样和分析标准下获取更多地区，特别是不同性质冰川流域的本底数据，从而为区域性冰川流域化学风化速率定量评估提供准确数据。

此外，引入多种类型同位素，以及开展生命元素（如 N、P、C 等）的循环研究，从而对冰川流域离子来源做出更加准确的界定，并为寒区生物地球化学研究提供最基本的数据。

二、冰川消融、海平面上升与海岸带过程

高纬度地区的海岸带稳定性除受到（因海平面变化导致的）波浪和潮流强度的变化影响外，还受到冻融侵蚀和海冰作用的影响。在北极地区，气候变暖导致海冰分布范围减小，多年冻土融化，岸边岩土失去屏障，海水侵蚀加速，高纬度地区陆地与海洋之间的物质平衡关系受到影响。我国由于冻融作用加速海岸侵蚀的现象并不多见，然而，近年来渤海发生大面积海冰分布的概率增大，对航运和岸边建筑及地貌环境有较大的影响。另外，我国青藏高原多年冻土区大型湖泊分布广泛，湖水对岸边地貌的重塑作用与北极地区海水对海岸地貌的作用类似，在这些地区针对冰冻圈环境的变化开展湖水对岸边地貌环境的影响有十分重要的现实意义。

随着全球气候变暖，海平面上升，原本远离岸边的岩土成为新的海岸，加速了海水侵蚀作用，同时造成了海水倒灌、海水入侵和土壤盐渍化过程。预估全球气候变暖影响下陆地冰冻圈退缩和海平面持续上升无疑会促进这一趋势的发展。因此，开展近海岸因海水侵蚀、海水入侵导致的自然灾害与冰冻圈科学要素变化之间的相关研究，是冰冻圈科学的一个重要任务。

三、冻土退化与地表环境

多年冻土区广泛发育热融侵蚀过程。厚层地下冰发育地段，热融湖塘比较普遍，同时表层土体融化，增加了多年冻土地区斜坡地带的边坡不稳定性，沟谷溯源侵蚀过程加剧。冻土退化显著地改变了地表状态，进而影响到植被覆盖和地表水文过程。热融洼地、热融湖塘及热融滑塌等热喀斯特地貌

的迅速形成，对区域工程建设和草地生态环境危害十分明显。开展这方面的研究，对了解冻土基本特征和变化趋势有十分重要的指示意义，在全球气候变暖的背景下，国内外冻土学界对这一领域开始日益重视。冻土区长期的冻融循环作用造成了地表独特的地貌特征，开展冰缘地貌环境研究能够揭示历史时期气候环境和多年冻土发育变化的基本过程，也能够预测未来多年冻土及生态水文环境的变化趋势。结合目前我国多年冻土区面临的问题和国际相关领域的研究动态，未来十年需要加强以下四个方面的研究。

（1）加强高温多年冻土区日益严重的热融侵蚀、热融滑塌等过程的机理研究，预估不同多年冻土灾害发生的概率和成灾程度。我国以青藏高原为主体分布的高海拔多年冻土和以东北大、小兴安岭为主体发育的高纬度多年冻土，大部分属于地温高于-1℃的高温多年冻土，在气候变暖背景下，冻土内部地下冰正在融化，导致地面沉降，地表出现热融湖塘、热融滑塌现象，对区域工程建设和地表水文环境、生态环境产生了重要影响。

（2）加强地表水系变迁与多年冻土区沙漠化之间联系的研究，对典型区水文环境变化导致的区域生态环境变化进行分析。青藏高原现有的多年冻土区沙漠化现象大多发生在河湖岸边或者人类过度放牧区域，地表水系的变化与沙漠化趋势存在着密切的联系，加强这方面的研究，可以为合理开展区域生态环境治理提供科技支持。

（3）加强开展与人类工程建设相关的环境变化方面的研究。以道路桥梁、远程引水工程为主的线性工程建设，对周边地貌形态造成了不同程度的改变，势必引起热融滑塌、热融侵蚀作用的加强，同时破坏了原有的地表水文系统，综合防治由此引起的区域生态环境恶化应该是未来研究的重要内容。

（4）开展冻胀丘、泥炭丘及石冰川等典型冰缘地貌的过程研究。这些典型的冰缘地貌环境的发生和变化，对区域气候环境、多年冻土特征和变化等方面的研究均有很好的指示作用。我国科研人员在青藏高原等地区曾经开展了大量的相关研究，然而，近十多年来相关研究渐趋稀少。国际上近年来针对这些领域的研究逐渐增多。

四、冰冻圈灾害

（1）冰川洪水与冰川泥石流。此类灾害仍是冰川区主要灾害类型之一，特别是高温、高消融叠加强降水带来的冰川洪水及冰川泥石流是全球气候变暖影响下的重要灾害现象之一，爆发频率和强度有所增加。此外，在冰川退缩背景下，大量冰川湖（冰碛湖、侧碛湖、冰面湖、冰川阻塞湖）数量增加，溃决突发洪水灾害和溃决风险也表现出增加的趋势。发展基于遥感的冰湖变化监测与潜在危险性判识、溃坝机理和灾害危害与损失评估方法，不仅有显著的理论价值，而且有巨大的现实需求。根据冰川分布和过去认识，川藏公路沿线，中国—尼泊尔、中国—不丹、中国—印度边界地区、中国—巴基斯坦经济走廊段、中国—中亚国际公路沿线等是冰川洪水与冰川泥石流多发区，应加强监测和动态风险评估研究。

（2）冰雪（岩）崩与冰川跃动。在全球冰川总体退缩背景下，一些地区仍存在大量非同步性的冰川变化。例如，喀喇昆仑山冰川异常，即该山系近期有一定数量的冰川前进或跃动。帕米尔高原、西昆仑山、斯瓦尔巴德地区等近期都有冰川跃动事件的报道，那些通常认为无跃动冰川的地区也出现了冰川跃动现象（如西藏日土县的阿汝错流域两条冰川）。冰川跃动的突然性给快速前进冰体经过地区造成了灾害。现阶段对于不同性质冰川的跃动机理尚无统一认识，预报方法也有待进一步完善。因此，跃动冰川监测、风险识别和损失评估有理论和现实需求。冰雪崩常见于陡峭山地，往往伴随岩崩，是登山、滑雪等户外活动的巨大威胁。冰雪崩是重力作用的产物，但与冰体或积雪内部应力作用、水热过程等关系密切，认识坡地积雪演化过程，揭示其内在热力学作用机理，优化预报模型是未来重要方向。

（3）风雪流灾害。积雪在风力搬运作用下发生再分布是道路交通、电力配送设施、居民和牧场安全的主要威胁，是我国三大稳定积雪区（东北—内蒙古、新疆北部、青藏高原东部）、阿尔卑斯山、安第斯山、落基山、高纬度及极地地区常见的气象现象和灾害类型之一。吹雪过程中雪粒跃移、悬浮、升华，伴随着物质迁移，同时发生能量转化。加强观测，理解其物理机理，发展并完善风雪流预报模型，有助于最大限度地减轻其带来的灾害，降低损失。

（4）其他冰冻圈灾害。河湖海冰冰塞问题是寒冷地区或严寒冬季河湖海岸堤和港口面临的主要威胁，对此已开展了大量研究。在全球气候变暖背景下，极端严寒天气现象多发，往往造成严重的冰塞问题，现有工程防冰塞破坏等级无法应对极端冰塞危害，加强冰情预报，开发应急破冰设施现实需求巨大。

第七章 冰冻圈与重大工程

通过现状与未来发展趋势及国家需求分析，提出冰冻圈重大工程应以气候变化、冰冻圈变化与灾害、重大工程相互作用为纽带，以强化重大工程监测网络和工程安全保障技术与预警系统研发为核心技术，针对冰冻圈环境变化与重大工程的互馈关系、冰冻圈重大工程的致灾机理及其环境效应、重大工程服役性和可靠性评价三大关键科学问题，重点开展冰冻圈作用区重大工程的灾害和环境效应及风险评估、冰冻圈与重大工程的热力作用机制及其反馈效应、冰冻圈作用区重大工程安全与保障关键技术等方向的研究。

冰冻圈变化及其引发的冰冻圈灾害使寒区工程建设和安全运营面临巨大的挑战。冰冻圈各要素对重大工程具有显著不同的影响特点，冰川、积雪、海（河湖）冰等主要以冰冻圈灾害方式影响重大工程的建设、安全运营和服役性。而冻土作为工程构筑物的特殊地基土，冻融灾害和冻土热-力学稳定性变化均会直接影响工程稳定性。随着全球气候变暖，冰冻圈各要素变化及其水文、生态环境、地表过程等变化均对重大工程产生显著影响，需强化重大工程建设和安全运营与冰冻圈环境因素变化之间关系的研究，重大工程安全保障技术也需更加综合地考虑气候变化和环境变化的影响。因此，未来冰冻圈区重大工程建设、安全运营和工程服役性需从气候变化、冰冻圈各要素、环境和重大工程之间的相互作用关系等综合地开展研究。

第一节 现状与趋势

一、国内外研究现状

冰冻圈各要素，如冰川、冻土、积雪和海（河湖）冰，对气候变化和环境变化具有高度的敏感性和快速的响应特征（Marshall, 2012）。随着冰冻圈区域社会经济的发展，重大工程建设和寒区经济开发强度不断增强，与适应冰冻圈各要素变化过程的技术措施发展缓慢形成矛盾。冰冻圈快速变化引起的介质异常行为特征极易诱发灾害，冰冻圈已成为重大工程安全的致灾因子和重要的策源地（秦大河和丁永建，2009）。特别是气候变暖造成的冰川洪水、冰湖溃决洪水、冻土融化、融雪洪水、河冰冰坝与冰塞等，严重威胁冰冻圈区重大工程的稳定性安全，对冰冻圈区域经济和区域可持续发展产生了重要影响。因此，研究冰冻圈各要素变化与重大工程之间的相互作用关系，对冰冻圈区域内经济建设和可持续发展具有重要的理论意义与现实意义。

（一）冰冻圈与重大工程相互作用关系

作为重大工程构筑物的地质承载体，冻土与重大工程具有复杂的相互作用关系。一方面，重大工程热扰动会直接导致其下部冻土快速升温和融化，引起工程构筑物发生冻胀和融化下沉变形（吴青柏和牛富俊，2013）；另一方面，冻土变化也会诱发冻融灾害，如热融滑塌、融冻泥流、冻土滑坡等的发生，影响重大工程的稳定性和安全运营（程国栋和赵林，2000）。冻土对不同类型工程的热扰动影响具有不同的响应特征，输油（气）管道是一种内热源，对管道下部冻土将产生重大的热影响，极易引起输油（气）管道下部冻土产生强烈的融化下沉，造成其工程服役性能降低。为此，阿拉斯加输油管道工程采用了地面架空穿越多年冻土区的设计方案，特别是采用了热虹吸管和桩基集成的热桩基础，减少了工程热扰动对冻土热稳定性影响（图 7-1）。公路、铁路工程是一种表面热源的线性工程，修筑路堤显著地改变了地表能量平衡，对冻土热稳定性产生了较大的影响。因此，青藏铁路采用了冷却路基、降低冻土温度的设计新思路（图 7-2），从根本上解决了高温、高含冰量冻土路基的稳定性问题。而青藏公路仅采用了抬高路基和保温材料措施，未能有效地保护路基下部冻土热稳定性。水利设施具有强烈的水力渗透热影响，房屋基础存在人为采暖的热影响，这些不同类型的工程需要采用不同的设计方法和冻融作用影响的防治技术，以达到控制重大工程稳定性的目的（程国栋和何平，2001）。

图 7-1 阿拉斯加输油管道工程，采用架空热桩基础，确保高含冰量多年冻土的稳定性

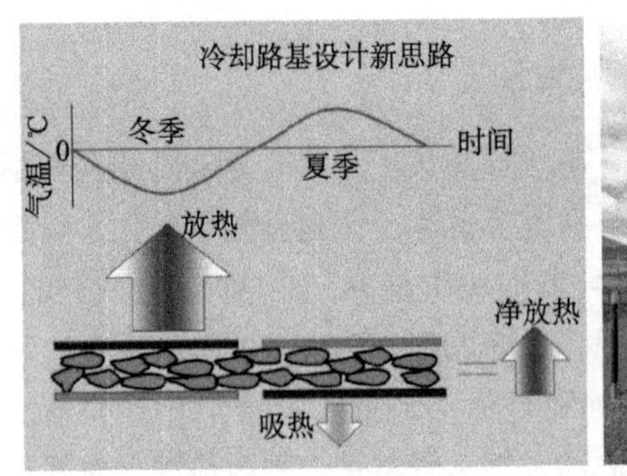

图 7-2 青藏铁路采用冷却路基、降低多年冻土温度的设计新思路，从根本上解决了高温、高含冰量冻土路基的稳定性问题（资料由中国科学院西北生态环境资源研究院俞祁浩提供）

在人类经济社会发展和资源开发利用等方面，冰川、积雪与冰冻圈重大工程有着密切的关系。冰川和积雪的灾害与冻土有一定区别，它们既能够以固体水源的形式担负起工程建设区的水资源重任，又会以突发性变化诱发灾害超越人类的防范能力。例如，冰川洪水对水工和道路工程构成威胁；积雪堆积阻断道路运输。因此，冰川和积雪变化对重大工程安全运营存在潜在危害，会严重威胁到重大工程的安全运营，需要采取工程技术措施来防治冰雪灾害对重大工程的影响。

海（河湖）冰可作为冬季临时构筑物或运输通道加以利用。例如，20 世纪，北冰洋油气开发通过人工增加冰层厚度的方式形成海洋浮冰钻井平台；第二次世界大战期间，苏联利用河冰开辟了冰上运输通道。另外，构筑在海（河湖）冰上的固定式和浮式结构物需抵御海（河湖）冰的作用力，减少海（河湖）冰的作用力对构筑物的影响。然而，固定式构筑物不能主动躲避冰作用的影响，其安全运行需要较高的抗冰能力。在 1969 年的渤海特大冰封期间，海上采油平台被破坏。目前，中国环渤海海岸工程和油气工程结构物主要采用抗冰方式（图 7-3）。随着近年来北极气候变暖，各个国家开始关注北冰洋夏季海冰融化后的北极航道问题。随着中国北极政策白皮书的实施，北极航道成为“一带一路”总体设计中的冰上丝绸之路，特别是北极航道缩短了中国沿海各港口到达欧洲港口的距离，为中国开辟了一条新的远洋航运通路，对维护我国海上利益和安全具有重要的意义。

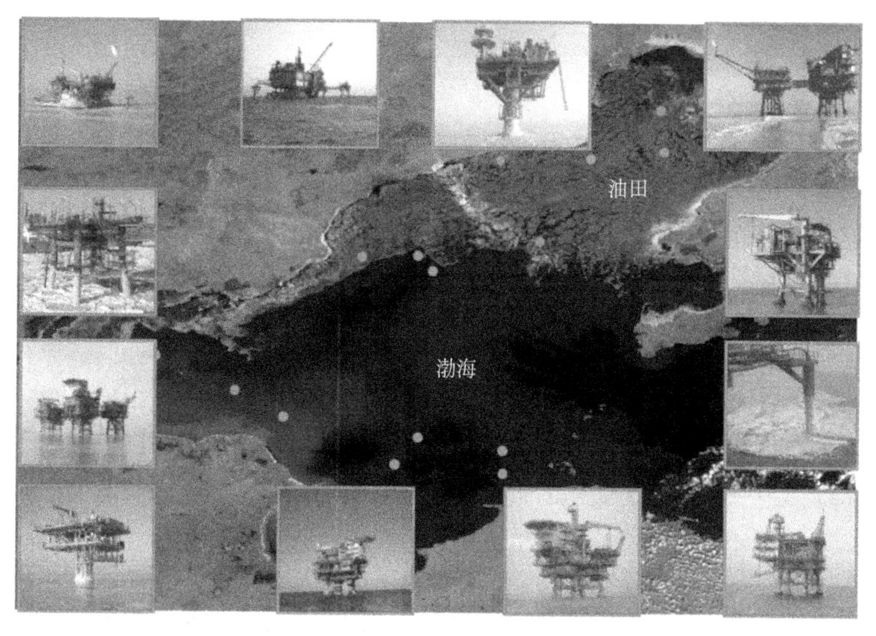

图 7-3　中国环渤海海岸工程和油气工程结构物主要采用抗冰方式（资料由大连理工大学季顺迎提供）

中国近年来运营的南水北调工程，渠道结构物也需考虑抗冰设计，冬季输水运行安全需要发展冰-水力学。特别是南水北调中线工程调度管理需要重新认识气候变化背景下冰行为和冬季输水安全问题，逐步形成一整套有冰条件下冬季输水安全运行规范和措施，提高输水渠道工程服役性。

近年来，中国、俄罗斯、法国在北极亚马尔半岛联合开发的液化天然气

（LNG）超级工程项目，这里的构筑物和人类生产活动都受到极端寒冷气候和冻土的影响。同时，亚马尔 LNG 项目在夏季选择利用北极东北线航道运输，从亚马尔至北冰洋、穿过白令海峡转入亚洲地区；冬季运输船则会向西航行，在比利时换装到普通运输船上转入西线航道。在亚马尔 LNG 项目的建设中，中远船舶在夏季通过北冰洋运输物质，2017 年 4 月 3 日，中远海运能源所属上海中远海运 LNG 亚马尔项目首艘破冰船顺利出坞，标志着中远海运集团首次参与开发设计及建造的极地破冰 LNG 项目取得了突破性进展。所开辟的 LNG 欧亚运输东北航道相较于传统的“南行航道”（途经苏伊士运河），航行距离将大为缩短，燃油成本将大为减少，而 CO_2 的排放量也将相应地减少 30%～40%。这对于推动北极航道的开发和利用，抢占极地能源开发和运输市场，都有着极其深远的意义和影响。未来随着亚马尔项目的稳定运行，将培育俄罗斯和亚洲之间通过北方航线形成一条新经济动脉，带动俄罗斯北部沿海边疆地区的发展。

近年来，冰冻圈与重大工程相互关系研究主要集中在以下四个方面。

（1）冻土变化与工程稳定性。主要研究与重大工程有密切关系的多年冻土特征，包括多年冻土上限、冻土类型、多年冻土温度、不良地质现象等。并针对工程可行性研究、初步设计、详细设计和施工阶段及运营阶段，开展了区域尺度多年冻土空间分布及其影响因素研究。研究多年冻土变化与工程稳定性的关系，强调气候变化和工程影响下冻土变化及其对工程稳定性的影响。特别是重点开展工程运营阶段工程下部多年冻土变化的长期监测，分析多年冻土对气候变化和工程影响的响应特征，定量评价工程稳定性及其与气候和工程影响下多年冻土的变化特征之间的关系。然而，定量区分气候变化和工程作用对多年冻土变化的贡献仍存在着瓶颈问题，使考虑气候变化的重大工程设计面临困难。

（2）重大工程设计与施工。主要研究不同工程构筑物类型的设计、施工原则和特殊技术措施的设计和施工方法。与冰冻圈灾害有关的重大工程设计主要考虑 50 年和 100 年设防标准和原则，如公路、铁路、桥梁对冰川消融洪水等的设防标准。冻土工程则根据不同工程构筑物类型采取不同的设计原则。例如，青藏铁路冻土工程，提出了冷却路基、降低多年冻土温度的设计思路和动态设计原则，提出了调控热的传导、对流和辐射的冷却路基技术（马巍等，2002），从根本上解决了高温、高含冰量冻土路基的稳定性的核心技术问题。这一创新思路为适应气候变化的工程建设提供了重要支撑，祁连山多年冻土区柴木铁路、共玉高速公路、青藏直流联网工程和青藏公路整治工程等都将这一思路运用到工程设计中。近年来，哈大高速铁路季节冻土的微冻胀机理和防治技术研究为后续季节冻土区高铁建设提供了典范。在风吹雪灾害广泛的区域，设计了一套有效地防治风吹雪灾害的工程措施和除雪预案，提高了积雪区域道路工程的服役性。

（3）海冰对海洋结构物的影响。主要研究海冰区内冰物理和力学行为随外界气温变化的规律，特别是气候变化下冰行为的变化，导致冰对结构物作用形式和作用力大小的变化。在低温环境下，冰的性质随冰温变化比较稳定，而在冰的相变阶段，冰的性质变化剧烈。为了评估冰的行为，冰密度成了海冰重要的监测参数之一。无论是抗冰的海洋结构物还是抗冰的船舶，其稳定性取决于冰的工程力学性质。以往对低冰温下的冰物理和力学性质的研究较多，而对“高温”下的冰物理和力学性质的研究很少。渤海地处北半球海冰的南边缘，海冰的温度和不稳定性也为未来北冰洋夏季“高温”海冰行为研究提供了科学基础。另外，冰与结构物和浮冰区海流、波浪耦合作用和制约方式也是综合安全运行管理的科学基础（Overeem et al.，2011）。

（4）冬季输水工程安全。中国黄河以北缺水是不争的事实，同时黄河以北是中国的季节性冰冻圈的一部分。为了解决中国北方的城市发展用水、生态维持用水，中国已经建设了南水北调东线工程和中线工程，目前还规划着西线过程。南水北调中线工程干渠总长达1277km，水流经气候温和区到寒冷区。在冬季运行时，黄河以北渠道中的水流由于受寒冷气温的影响，将有不同程度的冰凌发生，随之而来的是冰凌给水利工程安全运行带来了影响，进而威胁到沿线地区渠道输水的安全运行（徐国宾等，2010）。当渠道内冰盖成形以后，随着气温的升高，冰盖内部温度也会升高，随之冰的体积将会产生膨胀，进而对护坡造成挤压。但是，冰盖对水工建筑物作用力的研究大多局限于水库和渡槽等，对南水北调渠道护坡的研究相对较少。另外，渠道内出现非连续冻结的浮冰，它们在渠道内运动，渠道闸门、明渠和暗区入口处的冰块，将产生堆积和冰塞的潜在性，从而降低水流的流量。

（二）冰冻圈重大工程与气候变化

冰冻圈重大工程与气候变化具有密切的关系，冰川、冻土、积雪、海（河湖）冰对气候变化和环境变化均非常敏感（秦大河等，2006）。在全球气候变暖背景下，冰川普遍退缩，冰川灾害事件增多，冰湖溃决灾害尤其突出，这些突发事件对冰冻圈影响区的工程基础设施均会产生重大影响。冰川灾害如冰湖溃决洪水、冰川泥石流、冰川跃动等，主要分布在西部高山冰川作用区。其中，喜马拉雅山、喀喇昆仑山、天山西部等是较为严重的地区，对冰冻圈区域交通、水利、其他建筑物安全产生了较大的威胁，严重影响冰冻圈影响区的经济建设与国防安全。风雪灾害如风吹雪、风雪流、雪灾等，严重影响西部山区和东北地区道路的安全运营，解决高寒地区主干道公路雪崩灾害及相关问题尤为迫切和突出。

气候变化导致多年冻土区活动层厚度增加、冻土厚度减薄、冻土分布下界升高、冻土温度升高，以及热融滑塌、热融湖塘等增加。地下冰发生融化，导致地表变形，对工程构筑物的稳定性产生显著影响（吴青柏和牛富俊，2013）。气候变化影响叠加人类活动影响，加速和放大了多年冻土变化，引起工程稳定性变化。

气候变化也导致渤海海冰和黄河河冰的冰期缩短，连续冰层变得更为不稳定。这样给冰塞冰坝的产生提供了机会。另外，北冰洋海冰面积的缩小给北极资源开发和运输提供了机遇。同时，也给北冰洋资源开发的海洋工程、航运工程与近岸工程提供了挑战。

冰冻圈重大工程与气候变化研究主要集中在以下四个方面。

（1）冰冻圈灾害对重大工程的影响。研究焦点主要在冰冻圈灾害对工程运营安全的影响程度和范围预测研究，以及保障工程安全或减小冰冻圈灾害对工程影响的工程技术措施研究。例如，2001 年，法国、瑞士、意大利、奥地利、挪威和冰岛 6 个国家联合启动了“冰川风险（GLACIORISK）：欧洲山地极端冰川灾害监测与防治”研究计划，旨在诊断、监测和防治未来冰川灾害，保护人民生命，减少灾害损失。近年来，欧洲山地多年冻土区斜坡失稳现象逐年增加，欧洲 PACE 项目提出了开展系统的、分阶段的灾害评估研究，并强调了多年冻土区斜坡失稳和融沉灾害发生机理和控制对策的重要性。随着气候变化，多年冻土发生退化、地下冰融化，多年冻土区线性工程稳定性的潜在影响，以及次生冻土灾害的危险性评估及长期预测是亟待解决的关键问题。

（2）气候变化背景下重大工程的适应性。主要研究冻土工程设计如何考虑气候变化幅度及其对重大工程稳定性的影响，确定气候变化下的工程设计原则。早期冻土工程设计中，并未把气候变化考虑到工程设计中。随着气候变化和冻土快速变化，气候变化需作为一个附加因素，在冻土工程设计中被越来越多地考虑。例如，青藏铁路考虑了 50 年气温升高 1℃开展冻土工程设计，之后依据中国西部环境演变评估（秦大河，2002）和青藏铁路沿线多年冻土预测，考虑了 50 年气温升高 2.6℃的情况，修改了冻土工程设计和工程技术措施，大幅度增加以桥代路、块石结构措施等技术（程国栋等，2009），以更好地适应气候变化。然而，由于无法定量评价和区分气候变化、工程热扰动对路基下部多年冻土的叠加影响程度及对工程稳定性影响的贡献，因此，目前只能够在工程设计中给出一个大的原则，后期通过监测来评价工程设计的合理性和对气候变化的适应性。

（3）海冰对航道船舶的影响。海冰对北冰洋航行船舶的安全，在欧盟地平线 2020 项目给予了支持。其中“极端环境中海事安全操作：北极航行”（SEDNA）由英国学者牵头，中国有关单位参加。北冰洋通航重点需要研究气候变化下整体环境条件的变化和冰冻圈要素的变化。比如，北冰洋的海冰范围在缩小的同时，海平面在上升，夏季风速在增加。这势必对海上抗冰结构物设计提出新的要求。特别是随着北冰洋近岸气温的升高，冻土的温度也在升高，强度下降。升高的海平面和夏季出现的波浪，引起多年冻土热侵蚀。每年以 14m 速率退缩的海岸带，给海岸工程和近海岸基础设施带来直接的稳定性问题和保护的难度。

（4）冰冻圈灾害与“一带一路”基础设施建设。冰冻圈作用区突发性灾害将严重影响到“一带一路”基础设施建设。其中，中巴经济走廊是指连接位于中国西部和贯穿巴基斯坦南北的公路和铁路主干道，将从新疆的喀什一直通至巴基斯坦的西南港口城市瓜达尔港。中巴经济走廊规划不仅涵盖“通道”的建设和贯通，更重要的是以此带动中巴双方在走廊建设沿线开展重大项目、基础设施、能源资源、农业水利、信息通信等多个领域的合作。在中巴经济走廊，需要穿越冰冻圈作用的高海拔山区，这里冰川和积雪丰富。随着气候变暖，冰川和积雪融水增多，增加了本来水利工程设施偏少的地区运行安全的压力。冰湖决堤洪水、冰川泥石流、雪崩均因气温升高趋向不稳定发展，突发事件的频率将会增加。它们直接危害水利工程设施和道路设施，影响其安全运行。同时，中巴经济走廊也因冻融作用导致大量的边坡崩塌和失稳的地质灾害。然而，目前，仅有少量的关于冰雪灾害和地质灾害的研究在开展，对于重要基础设施建设的灾害防护几乎是空白的。这一区域冰冻圈灾害对重大基础设施建设的影响及其防护技术研究，是未来值得关注的重要研究课题。

（三）冰冻圈重大工程与环境的关系

冰冻圈区域干旱、寒冷，生态环境对外界响应极为敏感和脆弱，生态一旦遭受破坏在短期内很难恢复。冰冻圈重大工程建设不可避免对生态环境产生影响，如何在重大工程建设中避免对生态环境产生严重干扰，如何尽可能减小生态环境变化对冰冻圈因子所产生的影响，冰冻圈作用区生态环境如何保护等，这些问题是所有冰冻圈重大工程设计和施工重点要考虑的问题（王根绪等，2004）。在冰冻圈区域重大工程建设极为重视生态环境保护，从项目论证、可行性研究、设计、建设和运营方面，都对生态环境保护做出了严格的规定，尽可能小地减少对环境的扰动和破坏。同时，开展重大工程建设对环境保护影响的监测工作，分析和研讨重大工程对生态环境的影响程度及恢复程度。例如，早期，俄罗斯和北美的工程建设非常重视生态环境保护，对生态环境保护做出了严格规定，尽可能减少对环境的扰动和破坏（French, 1983）。建设在多年冻土苔原带的诺曼（Norman）输油管道工程，从项目论证、可行性研究设计、建设和运营方面，对冻土热稳定性和生态环境的变化进行了细致的评价和监测研究，并通过冻土温度、地表变形、气温等长期监测，研究了铲除森林植被后冻土和气温变化，以及地表下沉变形（Burgess and Smith, 2003）。诺曼输油管道工程是寒区工程生态环境保护、评价和研究的典范。

冰冻圈重大工程与环境的关系研究主要集中在以下两个方面。

（1）重大工程对生态环境的影响评价和恢复。主要研究冰冻圈重大工程对生态环境的影响程度、范围，主要集中在植被盖度、生物多样性、植物群落等变化；提出建设期间的生态环境保护对策和保护原则，评价运营期间工程影响范围内的植被盖度、生物多样性和植被群落的恢复程度等（王根绪等，2004）。例如，青藏铁路建设期间对生态环境保护、植被恢复、土壤污染和水土流失等，特别是与冻土环境的关系等进行了深入的研究，首次在重大工程中提出了环保监理，以保证最大限度地减小对生态环境的扰动，以建设成为绿色青藏铁路（Peng et al., 2007）。北冰洋冰区溢油清理技术和水库、湖泊冰下生态环境的工程和环境适应性措施是未来评估和研究的方向之一。而非机械积雪清理措施使用的化学剂对附近环境的影响和潜在的危害也需要给予关注。

（2）生态环境变化对冰冻圈重大工程建设和运营的影响。研究生态环境变化后冻土变化特征及其对冻土工程稳定性的影响，特别是研究工程影响范围内，植被铲除后对冻土上限、地下冰、冻土温度等变化及其对重大工程稳定性的影响。在气候变化对生态环境和冻土产生的影响背景下，如何协调冻土工程建设与生态环境保护，对于冻土工程来说尤为重要。

（四）冰冻圈重大工程的安全保障技术

冰冻圈要素在工程设计上主要考虑灾害风险的防治和排险方面；在冻土工程设计上，主要考虑如何防治冻土本身的热力稳定性问题，采取何种工程技术措施防治冻土热力稳定性的变化。

冰冻圈重大工程的安全保障技术研究主要集中在以下两个方面。

（1）冰冻圈灾害对重大工程影响的防治技术。主要是根据不同的冰冻圈灾害类型和工程类型，提出相对应的工程防治技术；监测、模拟和预测这些防治技术对实际工程的防护效果。目前，仍缺少冰冻圈灾害的防护技术的研发，亟待加强防护技术研究和应用。冻土重大工程安全保障的技术主要有两类：一类为防治冻胀破坏的安全保障技术，另一类为防治融沉破坏的安全保障技术。防治冻胀破坏的安全保障技术一般针对季节冻土区的工程问题，工程技术措施通常以防排隔“水”和减小冻深为主，最大限度地减小冻胀和冻融翻浆破坏。防治融沉破坏的安全保障技术一般主要针对多年冻土区的工程问题，路基工程、桥梁、隧道工程、桩基础工程等均需要考虑因冻土融化而产生的融化下沉问题。虽然冻土工程有一系列的冻融灾害防治技术，但针对高海拔地区高速铁路和高速公路的防治技术亟待开展研究。

（2）雪冰工程安全运行和管理。冰区工程安全运行措施需要同工程运营方式和结构物类型相对应，一般分为结构措施和非结构措施。结构措施多应用于抗冰结构物，通过改变结构物形式或增加结构物抵御外力的能力，使其增加抗冰能力（岳前进，1995）。非结构措施除了提到的融化冰絮外，还需要做好冰情监测和预报，纳入冰工程管理中。特别是通过原型和实验室研究北冰洋海冰的物理性质和力学性质；通过冰池实验室物理模拟研究冰对结构物的作用方式和作用力。研究和优化南水北调中线工程的冬季输水调控和调度方案，实现中线工程设计流量运行。风吹雪或风雪流防治技术主要通过“固、阻、导、输、改和除”雪的思路提出系列防治技术措施，在我国新疆和东北地区得到了广泛的应用，最大限度地减小了积雪对道路工程的危害。

二、未来发展趋势

（一）冰冻圈各要素变化对重大工程的影响规律与机理

气候、环境和工程综合影响下的冻土会发生显著变化，如何在重大工程设计中考虑这些因素对冻土的影响贡献，对重大工程的优化设计是至关重要的。20 世纪以前，工程设计基本不考虑气候变化对冻土的影响，但随着气候变化对重大工程影响越来越显著，冰冻圈区域重大工程设计不得不重新来思考气候变化背景下的工程设计。然而，考虑气候变化的工程设计存在较大的难度，一是气候变化本身存在着不确定性，工程设计应该如何考虑未来的气候变化幅度；二是气候变化对工程下部冻土热力稳定性影响的贡献难以确定。因此，在重大工程中考虑气候变化的影响和贡献，需要开展气候变化、环境和工程综合影响下的多年冻土变化规律和机理，从而为重大工程设计提供科学依据。

在多年冻土区活动层底板附近，广泛发育着冻结层上水，修筑工程构筑物显著影响冻结层上水的径流和分布，导致工程稳定性发生显著变化。在斜坡地段修筑路基工程，因水力梯度驱动冻结层上水穿越路基本体，导致夏季路基下部冻土融化、冬季引起冻胀和路基两侧形成冰锥等问题。同时，在路桥过渡段，由于地表水发育，对冻结层上水形成了补给，导致路基下部冻结层上水过度饱和而具有显著承压性，对路基土体及下部冻土的热状态产生显著影响，严重影响路桥过渡段工程稳定性。目前，青藏铁路工程存在着类似的工程问题。因此，需要摸清冻结层上水对冻土及路基稳定性的影响规律、机理及冻结层上水的运移机制。

未来在冰冻圈区域建设高速公路和高速铁路是国家发展的必然趋势。然而，高速公路、高速铁路对路基稳定性的要求极高，如何在热力稳定性极差的，对气候、环境和工程响应极为敏感的多年冻土区修筑对变形具有极高要求的高速公路、高速铁路，是冻土区多年面临的全新问题。尤其是建设“一带一路”交通基础设施，北京—莫斯科高速铁路和中俄加美高速铁路更是极具挑战性。对于季节冻土区而言，需要进一步揭示粗颗粒土微冻胀机理及其驱动因素，以及高速列车振动荷载对季节冻结过程中水分迁移及其微冻胀的影响机理等（牛富俊等，2002）。在多年冻土区，则需要进一步研究全幅（宽幅）沥青路面的热效应及其对下部冻土热力稳定性和水热过程的影响规律和机理（俞祁浩等，2014），以及多年冻土对气候、环境变化和工程叠加影响的复合响应机制（吴青柏和牛富俊，2013），尤其是穿越青藏高原的青藏高速公路建设问题，准确预测高速公路工程对多年冻土的影响是至关重要的。

南水北调西线工程要穿越青藏高原东部强烈退化的多年冻土区，修筑渠道、水库、大坝及抽水电站等大型配套水利设施，会对多年冻土产生巨大的影响。开展大型配套水利设施工程对多年冻土的热力稳定性的影响规律和机理、多年冻土与水库库岸稳定性、坝基稳定性、坝基渗漏相互作用关系、水库下部多年冻土对地表水体的响应等研究，是未来工程需要面临的复杂的技术难题。

冰冻圈变化对冰冻圈区重大工程的影响目前还不够清晰。极地冰区海洋工程应着重研究冰-水结构物的相互作用。在结构物设计中，目前仍然使用冰层作用力的上限，因此采用平整冰层强度的上限为依据。然而，对于密集度较小浮冰和冰脊的作用力还缺乏认识，特别是对浮冰撞击结构物的研究近乎空白。另外，随着北冰洋海洋资源的开发及海冰融化，北极航道成了国际重要通道之一，不仅船舶航行于北冰洋，同时也需要穿梭在北冰洋沿岸建设一批高吞吐量的海岸港口、码头、终端等海岸工程。这些工程均涉及北冰洋海岸多年冻土热侵蚀问题，但目前对北冰洋海岸多年冻土热侵蚀机理的认识还不够成熟。冰区有针对性地保护环境不仅需要结构措施，还需要针对当地冰冻环境下的管理措施。它们依赖于对冰冻圈要素的认知程度。

在全球气候变暖背景下，在已建的南水北调中线工程运营中，需要揭示人工渠道冰塞发展规律和防止冰塞发生的工程和非工程措施机理。结构物附着冰强度和有科学依据的清理技术是不可忽略的新近出现的问题。另外，冰层热膨胀对渠道护坡的作用和机理也需要加强研究。这些研究成果将有力地支持南水北调西线工程规划。目前，虽然北方结冰河流的“文开河”形式较多，但随着气温升高，冰层不稳定封冻时间增加，冰塞冰坝的发生概率将明显提高。冰凌对河道的侵蚀机理和对河道内各种结构物（如桥墩）的作用方式和规律、对有无冰凌的河流改道和冲刷的影响规律研究等都是未来的主要研究内容。

（二）冰冻圈重大工程稳定性问题的关键技术

随着气候变化、环境变化、寒区社会经济建设和强烈的人类活动，冻土重大工程稳定性将会面临更为复杂的影响因素。如何采取更为可靠的工程技术来确保冻土工程稳定性，采取何种创新的工程设计原则，采用何种补强或防治冻融病害技术来保障已有重大工程的安全性，这些都是亟待解决的关键技术问题。因此，需要创新冻土重大工程安全保障技术，通过这些新技术的研发和对气候变化的适应性研究，为冻土重大工程提供关键技术保障和科学决策支持。

对于对路基变形要求更高的高速铁路和高速公路建设来说，微弱的冻胀和融沉变形都可能导致重大工程安全运营问题，迫切需要提出新技术、新思路和新设计原则来保障冻土工程对更高速度的要求。目前，采用“以桥带路”的思想并非一劳永逸，路桥过渡段冻土路基稳定性、桩基与冻结层下水相互作用关系等，都尚未获得较好的认识。因此，对于有高速运行要求的重大工程来说，仍需进一步开展桥梁桩基和隧道稳定性关键技术及路基稳定性的控制技术研发，进而研发路基阴阳坡效应和路桥过渡段冻结层上水工程问题的控制技术。特别是需要强化新技术、新方法和高速铁路、高速公路的工程施工技术和质量控制技术标准研究。

南水北调西线工程建设中全新的冻土工程问题，即因地表水热融蚀作用导致的多年冻土融化、升温等，对大型水利配套设施造成了重大影响。对于这种高温、高含冰量冻土区的大型水利工程配套设施建设来说，目前国内外相关研究极为薄弱，尚无先例和成功经验可供借鉴。因此，需要开展多年冻土坝基稳定性和控制技术、冻土变化对坝基渗漏和稳定性的影响、水库渗漏、库岸冻土稳定技术、高地应力寒区深埋隧道稳定性控制技术和施工等研发工作。

冰冻圈冰工程发展历史短，需要致力于自主知识产权技术方法的研发和探索。虽然针对不同地域和冰类型的技术有差异，但是基本可以划分为资源开发和航行运输两个方面。在资源开发方面，主要研究工程区及其附近100km内的海冰运动、海冰物理和力学性质，强调抗冰结构物的结构措施和材料性能兼顾的发展模式。在航行运输方面，对航道核心区域的海冰条件开展深入调查，特别是近峡湾、水道和海岸地区。同时，积极配合工程制造业在设计结构物抗冰能力进行专业冰池实验室建设和实验能力的拓展。

极地海岸工程需根据北极海岸多年冻土分布，评估气候变化对多年冻土热侵蚀的影响，研发并发展多年冻土退化过程的长期监测技术，冻土温度场、强度场，以及外界海浪要素、海平面上升等因子的监测技术，构建上述耦合过程的物理模拟技术和与气候变化联合数值模拟技术。

目前，中国有三个冰工程物理模拟实验室，均是针对渤海近海油气结构物和渤海港口结构物，以及输水工程结构物发展的。天津大学冰工程实验室和大连理工大学冰工程实验室分别针对海洋工程和海岸工程，中国水利科学研究院拥有水力学的低温环境实验室。天津大学使用了冻结合成模型冰，大连理工大学在总结渤海海冰物理和力学性质的基础上，针对中国夏季气温高的特点，发展了非冻结合成模型冰。目前，围绕未来冰冻圈工程技术，中国船舶科学研究中心正在发展新的物理模拟实验室。这些实验室规划的重点研究领域是未来研究的方向。只有中国拥有冰池实验室，开展小比例尺模型船的实验研究，才能改变目前利用冰与结构物物理模拟设备尝试冰-船相互作用物理模拟的研究现状。

（三）冰冻圈重大工程致灾机理和长期服役性研究

在未来气候与全球变暖的影响下，冰冻圈灾害对重大工程的影响越来越显著，在人类工程活动和社会经济发展区内，将放大和加速冰冻圈对重大工程的影响。未来“一带一路”交通能源基础设施建设，穿越广泛的寒冷地区，冰冻圈灾害及其诱发的各种工程稳定性将是未来面临的挑战。同时，冻土融化将伴随着热融湖塘、热融滑塌、冻土滑坡、冻融过程影响下的岩石崩塌等灾害的形成，尤其是在工程活动剧烈影响区，冻土融化将对冻土工程产生重要的影响（牛富俊等，2002）。然而，这些地表过程对重大工程的致灾过程、影响和机理，以及对重大工程的长期服役性能的影响还不清楚。因此，亟须开展冰冻圈灾害对重大工程致灾机理、影响范围阈值及其对重大工程设施长期服役性影响和风险评估，揭示冻土工程灾害的致灾机理和工程长期服役性能及可靠性的影响。

综上，冰冻圈区域重大工程未来发展趋势应主要集中在冰冻圈各要素变化对重大工程的影响规律与机理、冰冻圈重大工程稳定性的关键技术和冰冻圈灾害防治技术、重大工程致灾机理和长期服役性研究这三大方面。然而，我们在关注未来冰冻圈科学发展趋势的同时，应更加关注冰冻圈关键作用区重大工程建设的发展。例如，冰冻圈将对一些重大工程，如中巴公路、中尼公路、中蒙俄经济走廊工程基础设施、中俄加美高速铁路等产生影响。这些关键冰冻圈区域具有非常复杂的工程背景，不仅要面临冰冻圈灾害对工程的影响，也会面临其他地质灾害的威胁。因此，需要研究冰冻圈变化、区域地质构造、地质灾害等因素与重大工程间复杂的相互作用关系、机理及其与重大工程稳定性和长期服役性的影响。

第二节　未来10年发展目标

一、完善重大工程监测网络体系，加强重大工程稳定性技术和安全保障预警系统研发与预测方法研究

冰冻圈区气候变化显著，影响重大工程的稳定性和安全运营，为确保冰冻圈区重大工程的安全运营，应系统地构建冰冻圈作用区重大工程“天-地”或者“天-冰-水”一体化的立体监测网络体系，实现遥感、地面观测一体化综合应用，研发重大工程稳定性技术和安全保障预警系统平台，增强重大工

程抵御气候变化风险和防灾、减灾的能力。同时，提出全球变化下重大工程稳定性和长期服役性的预测方法，为冰冻圈作用区重大工程安全运营提供科学基础和技术支撑。

二、阐明冰冻圈要素与重大工程的互馈关系及其环境、灾害效应

突出冰冻圈区重大工程与气候变化、环境、冰冻圈变化相互作用的综合影响研究，阐明冰冻圈各要素变化对重大工程稳定性的影响范围、程度和规律及其环境、灾害效应，强化冰冻圈影响区内重大工程对冰冻圈灾害的诱发机制研究，高度重视冰冻圈变化的重大工程安全运行可靠性和风险评估，提高重大工程服役性和抵御冰冻圈灾害的能力。

三、提出冰冻圈作用区重大工程对气候变化的应对策略，研发适应气候变化重大工程安全保障的关键技术

冰冻圈作用区重大工程对气候变化的应对策略包括重大工程的设计原则、冰冻圈环境保护、冰冻圈灾害防护技术、冰湖利用技术、适应气候变化的冻土工程复合冷却新技术等，最大限度地减缓气候变化对冰冻圈重大工程的影响，增强气候变化背景下冰冻圈重大工程的长期服役性功能，最大限度地利用气候变化为北冰洋资源开发利用创造机遇。

第三节　关键科学问题

在气候变化、环境变化和人类活动的强烈影响下，冰冻圈变化对重大工程的影响愈加显著和频繁，但冰冻圈各要素变化对重大工程的稳定性影响一直未受到广泛关注。因此，为适应全球变化影响和工程建设，迫切需要刻画冰冻圈各要素与重大工程关系及其环境和灾害效应，提出冰冻圈环境保护措施、冰冻圈灾害防治及保障技术，以及冻土工程建设的新技术和新方法，为冰冻圈作用区重大工程安全运营提供科学依据。关键科学问题总体研究思路如图 7-4 所示。瞄准未来国家在“一带一路”倡议和北极资源开发需求和国际前沿及学科发展，拟重点解决以下三大方面的关键科学问题。

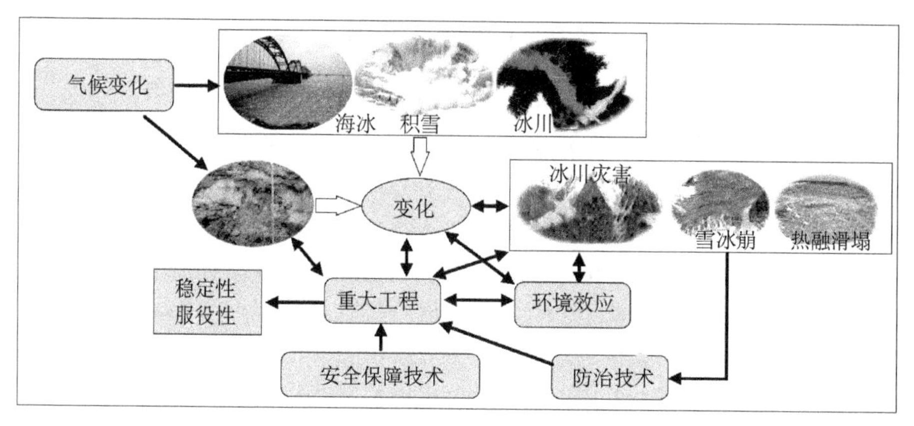

图 7-4　关键科学问题研究思路

一、冰冻圈环境变化与重大工程的互馈关系

重大工程的建设和运营与冰冻圈环境之间具有密切的关系，以往研究集中在工程与冰冻圈各要素之间的热力相互作用方面。然而，目前，重大工程研究不仅涉及工程本身的稳定性，而且涉及冰冻圈环境变化对工程产生的综合影响等方面，包括冰冻圈变化、冰冻圈灾害、冰冻圈水文过程和冰冻圈生态环境等。因此，既需要研究冰冻圈各因子对工程稳定性的影响，研究气候变化、环境变化、灾害、水文过程等对重大工程的影响，同时也需要研究重大工程对环境、灾害、水文过程的影响。在冰冻圈作用区复杂的工程背景下，应把重大工程、冰冻圈因子、气候和环境作为一个整体加以系统研究，开展冰冻圈环境与重大工程的互馈关系研究，对于重大工程的建设、维护和运营及工程服役性来说是极为重要的。

二、冰冻圈重大工程的致灾机理及其环境效应

重大工程建设对冰冻圈环境产生显著影响，其影响程度和范围主要与工程建设和工程活动强度有关。重大工程建设和运营将改变冰冻圈环境和水文过程，诱发重大工程的次生冰冻圈灾害。以往研究均集中在冰冻圈灾害对重大工程安全运营的影响，并研发了一系列重大工程防治灾害的安全保障技术。然而，对冰冻圈环境变化所诱发的次生灾害研究工作相对较少。在全球变暖背景下，冰冻圈重大工程的次生灾害的致灾机理及其环境效应研究将对重大工程稳定性预测和安全保障技术起到积极的作用。

三、冰冻圈重大工程的服役性、可靠性评价与安全保障技术

冰冻圈重大工程的服役性和可靠性评价是重大工程安全运营的核心，但是其研究基础非常薄弱。尽管在青藏铁路建设期间，提出了基于概率方法的可靠性来研究冻土路基的稳定性，但由于工程下部涉及的冻土参数的随机性较大，研究一直处于探讨阶段。随着自然科学和社会科学的融合，近年来又提出了寒区重大工程服役性这一理论概念，它体现了冰冻圈重大工程服务功能价值，以及对社会经济发展的重要贡献，特别是气候变暖影响下这一概念显得尤为重要，如何评价气候变暖下冰冻圈区重大工程造价、工程维护费用与工程服役性的关系及其对区域社会经济发展的支撑作用。然而，这一研究仍停留在探索阶段。重大工程的安全保障技术是冰冻圈重大工程建设和安全运营的保障。冻土工程安全保障技术研究较为深入，提出了系列调控热的传导、对流和辐射的冷却路基的理论和安全保障技术，这对冻土路基的稳定性起到了至关重要的作用。然而，随着高速公路、高速铁路建设的推进，特别是"一带一路"沿线交通基础设施和高速铁路等建设，在冰冻圈作用区，重大工程的安全保障技术还较为缺乏，特别是对于冰川和积雪灾害对重大工程的影响来说，亟待提出防治冰川积雪灾害的安全保障技术和应急计划。对于多年冻土区高速铁路和高速公路建设来说，亟待提出积极有效的重大工程建造技术。"以桥代路"似乎被作为适应气候变化的有效措施。然而，桥梁对地震荷载的适应性是极为脆弱的，对强烈冻土退化区冻结层下水的影响认识亟待深入。因此，需要强化冻土退化趋势下桩基础稳定性和路桥过段工程稳定性与冻土热稳定性关系研究。

第四节　重要研究方向

围绕区域经济发展对不同类型基础设施建设的需求，加之气候变化影响，冰冻圈区重大工程面临许多亟待解决的科学问题，应优先发展冰冻圈作用区重大工程的灾害和环境效应及风险评估、冰冻圈环境与重大工程的热力作用和动力作用机制及其反馈效应、冰冻圈重大工程安全与保障的关键技术、水热力相互作用机理及其预测方法四个方向，重点研究冰冻圈环境与重大工程的热力作用机制及其安全保障关键技术。

一、冰冻圈作用区重大工程的灾害和环境效应及风险评估

（一）冰冻圈作用区重大工程稳定性的风险评估

气候变化会引起冰冻圈环境变化，在气候变化和工程作用下，冻土、冰川、积雪和湖河海冰的热力稳定性发生了显著变化，造成了依赖冷生物为承载介质的重大工程运营维护成本升高和安全性降低。因此，气候变化背景下，重大工程稳定性风险评估成为评价重大工程安全运营的核心。优先发展领域为：在揭示气候变化及工程影响下冻土、冰川与积雪、海（河湖）冰热力稳定性变化的基础上，建立基于冻土变化、工程变形和冻融灾害为基础；海（河湖）冰减薄、强度降低、北冰洋海冰覆盖范围缩小为基础；冰川与积雪突发性洪水、泥石流、雪崩为基础的风险评估模型，评价不同气候变化背景下的重大工程风险。

（二）冰冻圈灾害对重大工程安全的影响及其环境效应

气候变化影响下，冰冻圈灾害对重大工程安全运营影响巨大；同时，工程建设不可避免地对环境造成影响，进而引起了地表过程变化，为孕育灾害提供了条件。因此，气候变化背景下，冰冻圈灾害是影响重大工程安全的关键问题之一。优先发展领域为：在评价气候变化影响下冰冻圈环境变化的基础上，阐明冰冻圈灾害对重大工程的影响程度和范围，进而提出重大工程风险等级划分标准和设防标准；北冰洋近岸工程应对多年冻土热侵蚀的防治等级；在极地海洋环境条件、北极航道及极地船舶、极区新型抗冰平台、极地环境保护、海冰管理及溢油处理等领域开展理论方法、数值模拟、现场监测、试验模拟、工程应用及交叉领域研究。

二、冰冻圈环境与重大工程的热力作用机制及其反馈效应

（一）冻土与重大工程相互热力作用行为、过程和机制

工程热扰动作用显著影响冻土热状态，导致冻土孔隙中冰发生融化，未冻水含量升高，冻土力学强度降低，从而引起工程稳定性变化。因此，开展工程作用下冻土热力耦合过程研究对于工程稳定性预测是至关重要的。在揭示冻土与重大工程相互热力作用的行为和过程基础上，阐明冻土工程稳定性变化机制，进而预测冻土工程的稳定性。

（二）冰冻圈作用区城镇化发展与冻土退化的互馈关系

冰冻圈作用区城镇化发展迅速，特别是东北大、小兴安岭地区多年冻土区，中小型城市快速发展。城镇化加速了冻土的退化趋势，对工业与民用建筑、水环境和周围冻土造成了极大影响。然而，学界一直未对城镇化与冻土退化关系开展研究。因此，为合理规划多年冻土区城镇规模和社会经济发展，需研究冰冻圈作用区城镇化发展与冻土退化的互馈关系，阐明城镇化热岛效应与冻土快速退化的关系及其对构筑物稳定性的影响等。

三、冰冻圈作用区重大工程建设安全与保障的关键技术

（一）重大工程建设安全与保障的关键技术原理、方法和设计参数

多年冻土区高速公路和高速铁路建设及南水北调西线工程应是未来工程建设的重中之重。对于对路基变形要求极高的高速公路和高速铁路及配套水利设施建设而言，确保工程稳定性仍然存在许多亟待解决的技术难题。因此，在目前筑路技术的基础上，高速公路和高速铁路及南水北调西线工程亟须开展新的技术和方法及工程设计参数研究，为高速公路、高速铁路和南水北调西线工程和“一路一带”重大交通基础设施建设服务。

（二）重大工程稳定性的关键技术对气候变化的适应性

在因气候变化所引起的冰冻圈变化和灾害频发区域，需要对现有工程技术对气候变化的适应性进行评估，提出更加可靠的工程技术，以减缓气候变化的影响。然而，现有的冻土工程稳定性控制技术对气候变化的适应性尚不清晰。因此，在研发重大工程稳定性关键技术的基础上，需提出这些关键技术对气候变化的适应性评价方法，阐明重大工程稳定性关键技术对冻土热状态影响的长效机制，为考虑气候变化的工程设计提供科学依据。

（三）南水北调工程及其河冰冰凌凌汛防护技术

中国南北区域缺水和水患现象同时存在。南水北调旨在解决水资源的空间不均衡问题，其工程将成为北方用水的“生命线”之一。然而，南水北调中线工程运行过程表明了冰情的监测和人工调控措施之间还需要进一步的优化方案。冰凌灾害如冰塞和冰坝伴随中国北方大型河流桥梁桥墩的建设而产生，特别是黄河公路等建设项目。随着气候的变化，这些冰凌灾害将转化为凌汛灾害，其发生概率和位置也不断变化，我国几条国际界河也存在冰凌洪

水问题。因此，亟须开展河流的冰凌监测、预报的研究，在研究冰凌灾害发生概率及其转化为凌汛灾害的机理的基础上，提出冰凌凌汛防护技术和冰塞及冰坝对河流桥梁基础的稳定性影响。

（四）北极海洋工程和海岸工程安全保障技术

围绕北冰洋航行和未来需要发展大规模抗冰商船的需求，亟待研究冰区固定式海洋结构物的抗冰能力与冰层物理和力学性质之间的关系，以及冰区船舶航行同浮冰块之间形成的“冰-水-船”耦合等问题。在海岸工程安全保障技术方面，应重点研究气候变暖后多年冻土海岸带热侵蚀与基础设施稳定性的关系，突出无冰期时波浪、风力作用对多年冻土海岸带热侵蚀过程的影响，提出适应无冰期等新环境下港口、码头和通信设施等海岸工程安全保障技术。未来具体创新方向主要体现为：①极地工程环境条件，即海冰变化中的关键物理过程参数化研究，海冰的基本物理性质和力学性质研究，走航海冰的自动化监测技术及海冰遥感；②极地工程环境荷载，即海冰荷载的现场测量及室内模型试验、海冰荷载的离散元方法、冰-水-船耦合作用的多介质多尺度问题；③极地工程装备结构，即船-冰相互作用下的结构响应和强度分析、船舶及海洋结构的抗冰性能及优化设计、面向结构完整性管理的冰区海洋结构疲劳寿命分析；④极地工程安全保障，即面向工程作业的全方位海冰现场监测系统、冰区油气平台生产作业的安全保障系统、冰区船舶航行的安全预警及安全保障系统。

四、水热力相互作用机理及其预测方法

（一）冻结缘成冰过程、机理及其影响因素

正冻土冻结缘成冰过程是预报冻胀的重要基础，同时也是水热力三场耦合的关键过程。在充分认识冻结缘成冰过程的基础上，揭示正冻土水分迁移和冻结缘的成冰机理及其控制因素，给出冻结缘成冰过程描述的物理模型，为准确刻画水热力三场耦合作用、冻胀和融沉预测提供物理基础。

（二）正冻结和融化过程中孔隙水压力变化规律

正冻结和融化过程中涉及冰—水相变转换过程，这一过程以往多采用克拉佩龙方程来描述，克拉佩龙方程可以近似描述冻结缘的静态过程，然而对于处于相变区冻结缘的动态过程来说，克拉佩龙方程已不再适用，需要提出

描述动态冻结缘过程的物理方程。孔隙水压力测量是其核心。因此，需要在研发孔隙水压力测试技术的基础上，揭示正冻结和融化过程中孔隙水压力的变化规律，构建动态下冻结相变过程的理论模型。

（三）水热力三场耦合模型及其预测

水热力三场耦合模型是准确预报冻胀和融沉的基础，是冻土理论用于工程实践的重要桥梁。因此，随着近几年实验技术手段和理论水平的提高，可以考虑更为复杂的控制和影响因素。因此，在实验技术水平认识不断提高的基础上，需搭建基于水-热-力三场耦合的数值模型平台，以揭示多年冻土与工程相互作用的水-热-力过程和相互影响规律，提高工程与多年冻土相互作用模拟和预测的精度和适用性。

第八章 冰冻圈与可持续发展

冰冻圈与人类依存的水资源、生态服务和社会经济系统之间存在密切的相互作用关系。随着冰冻圈的不断变化，冰冻圈与可持续发展已成为国际社会广泛关注的核心内容。由于过去较长时期内主要着眼于冰冻圈的自然属性，重点强调冰冻圈变化的自然过程和机理，冰冻圈变化对社会经济影响的范围、对象、方式、程度、适应等问题仍缺乏定量化、系统化的科学认识，冰冻圈与可持续发展研究还处于起步阶段。

第一节　现状与趋势

一、国内外发展现状

鉴于冰冻圈的自然、社会经济双重属性，冰冻圈与可持续发展研究不仅涉及冰冻圈要素的变化，还涉及整个冰冻圈层与社会经济多个界面的联系，内容覆盖面广、层级影响复杂。目前对该领域的研究总体上尚未超越单一冰冻圈要素、单一尺度、单一影响因子的研究阶段，缺乏研究理论、研究方法、研究内容的系统性和综合性。

（一）冰冻圈变化对社会经济影响研究

冰冻圈对社会经济系统的综合影响包括寒区重大工程、能源矿产资源开发利用、寒区畜牧业、冰雪融水补给的干旱区绿洲农业系统、冰冻圈自然灾害、冰冻圈游憩、北极航道、海岸和海岛国家安全等诸多方面，而冰冻圈变化对社会经济影响的综合研究仍处于起步阶段。中国科学家从冰冻圈单一要素及其变化出发，开展了典型流域冰冻圈要素变化与社会经济系统链接研究，刻画其间的定量作用关系，主要进展表现在以下方面。

（1）考虑产业、人口、城市化等经济社会要素，使用复杂系统动力学方法，定量剖析了冰川变化对典型干旱内陆河流域绿洲系统的现实与潜在影响，得出了冰川变化对绿洲系统的影响程度主要取决于冰川融水补给率，补给率大、影响程度相应较大的结论。对于水资源相对充足的流域来说，冰川变化的影响在近、中期并不显著，而对于水资源相对缺乏的流域来说，冰川退缩将通过融水量变化显著影响流域农田灌溉与生态修复。

（2）开发了典型流域高寒草地生态承载力和冻土变化的关系模型。把冻土活动层厚度、经济密度、人口密度、高寒草地生长季节降水作为自变量，将草地生态承载力作为因变量，建立冻土和承载力之间的量化关系。长江黄河源区的研究结果表明，草地生态承载力与遴选的冻土活动层厚度、经济密度、人口密度及草地生长季节降水量具有显著的相关性，在冻土活动层厚度等不同要素变化条件下，呈现了长江黄河源区草地生态承载力随厚度增加而降低的情景。

（3）开发了基于冻土变化的草地生态脆弱性评估指标，阐释了典型流域草地生态系统脆弱性和冻土变化的关系。根据脆弱性的系统暴露、敏感性和适应能力关键参数，把冻土活动层厚度、经济密度、人口密度、草地生长季节降水作为自变量，将高寒草地生态系统的脆弱性作为因变量，建立冻土变化和草地生态脆弱性之间的量化关系，利用长江、黄河源区案例，量化了多年冻土活动层厚度变化对草地生态脆弱性的影响。

（4）在高原雪灾对畜产品产量影响的非线性模型方面进行了积极探索，依据非线性模型，分析了削减雪灾负面影响的主要人工干预效果。以草地为基础的畜产品生产系统既是自然生态系统的子系统，也是国民经济系统的子系统，受自然和社会经济双重规律制约，决定了以草地为基础的畜产品生产系统既有生态系统的属性，又有经济系统的属性，是一类高阶、非线性的复杂系统。由于青藏高原草地畜牧业对草地资源的高度依赖性，草地生产力的高低对畜产品产出具有最直接的影响；同时，高原牧区是雪灾的多发区、畜牧经济的重灾区，冬春季节饲草的保障水平、牲畜的御寒条件，以及雪灾发生的强度在很大程度上制约着畜产品的产出效果。因此，畜产品产出是以草地生产力、饲草供给、牲畜御寒、雪灾强度为主变量的非线性复合函数，并将这一模型分解为草地生产力、饲草供给、牲畜御寒、雪灾强度四个分项的乘积。统计分析结果显示：草地生长季节降水集中度、人工草地面积、牲畜暖棚建设面积、雪灾发生强度（投入要素）与牛羊肉产量（产出）之间呈现显著相关性。基于开发的模型，该研究系统分析了人工草地、牲畜暖棚建设规模对降低雪灾影响的效果，并提出了加快源区气象防灾、减灾体系建设，保障冬、春饲草供给平衡，发展畜用暖棚，提高牧民参与积极性的适应建议。

（5）界定了冰冻圈服务功能的内涵，描述了冰冻圈服务功能的主要方面。长期以来，作为广义生态系统服务功能的重要组成部分，冰冻圈要素在其服务功能价值评估中，尚未进行核算，其研究基本处于空白，中国科学家对此已开始关注。根据冰冻圈的特点，将冰冻圈服务界定为人类社会直接或间接从冰冻圈系统获得的所有惠益（如资源、产品、福利等），包括对人类生存与生活质量有贡献的所有冰冻圈产品和服务，并总结了冰冻圈的供给服务、调节与维持服务、社会文化服务和生境服务等功能形态，指出了冰冻圈作为“固体水库”，扮演着调节河川径流的角色，为人类社会系统提供了充沛、优质的淡水资源，利用其冰雪融水径流进行水力、水电开发。冰冻圈作为特殊下垫面，以其高反照率和水分循环功能，起着调解全球和区域气候的作用，通过调节全球气候系统和水热平衡，维持气候宜居性、生态系统结构稳定性。冰冻圈作为特色人文和景观资源的赋存之地，冰冻圈旅游资源景观、人文景观的艺术特征、地位和意义无法复制和转移，具有鲜明的垄断性景观美学价值，依托冰冻圈形成的独特自然与人文景观旅游已经成为世界各国大力发展的新兴旅游产业，在增加区域经济收益和提升区域旅游内涵与知名度、促进区域经济社会可持续发展等方面扮演着重要角色。在此基础上，明确了今后冰冻圈服务价值形态划分标准、服务功能因子识别、服务价值评估方法、服务价值功能分区等关注领域（图 8-1）。尽管该研究还停留在定性描述、概念和框架的探索上，但该成果为深化冰冻圈服务价值及其评估体系研究奠定了基础。

（6）开展了海平面上升的人口和资产影响评估，强调了海平面上升情景作为适应规划的应用性。21 世纪及以后，海平面上升速度仍可能加快，未来海平面上升将使海岸系统和沿海低洼地区遭受越来越多的不利影响，包括经济、政治、文化、社会和心理等方面的严重后果。对此，在海平面上升不同情景下，如何识别社会经济暴露区域和对象、预估社会经济风险和财产损失、比选适应措施已成为这类研究关注的热点。例如，Wong 等（2014）学者指出，到 2100 年如不采取适应措施，数以百万的人将因为海岸洪水的影响或滨海土地的淹没而被迫迁徙，且主要分布在东亚、东南亚和南亚。Hanson 等（2010）评估了 2005 年和 2070 年全球 136 个港口城市极端海岸洪水的人口和资产的暴露情景，得出到2070年，受影响的人口将增加3倍以上，资产损失将增加10倍以上的结论。与此相似，Hinkel等（2013）借助DIVA模型评估了全球风暴洪水的人口和资产影响、风险和适应，认为到2100年，基于全球平均海平面上升23～123cm的情景，每年遭受风景海岸洪水影响的人口为全球人口的0.2%～4.6%，预计全球所有国家每年将损失0.3%～9.3%的国内生产总值（GDP），并强调了海平面上升情景作为适应规划、选择适应策略的重要性，该方法与“泰晤士河口2100计划”的应用一致。为满足海平面上升风险管理的迫切需要，2017年2月，世界气候研究计划启动了“区域海平面变化与海岸带影响”计划。2015年8月，美国全球变化研究计划和国家海洋委员会联合组成了海平面上升和海岸洪水灾害管理跨部门工作组。海平面上升情景和概率及其上限情景已被应用于国际海岸风险管理实践。但该问题在我国学界和沿海规划与管理部门还没有引起足够关注。在现有工作基础上，需要更多的监测、研究来预估不同时空尺度海平面上升的情景和概率，基于海平面变化过程模型模拟，综合多种研究方法获得的成果，减小预测的不确定性，评估其上限情景，以满足我国沿海地区气候变化适应规划和风险管理决策的不同需求。

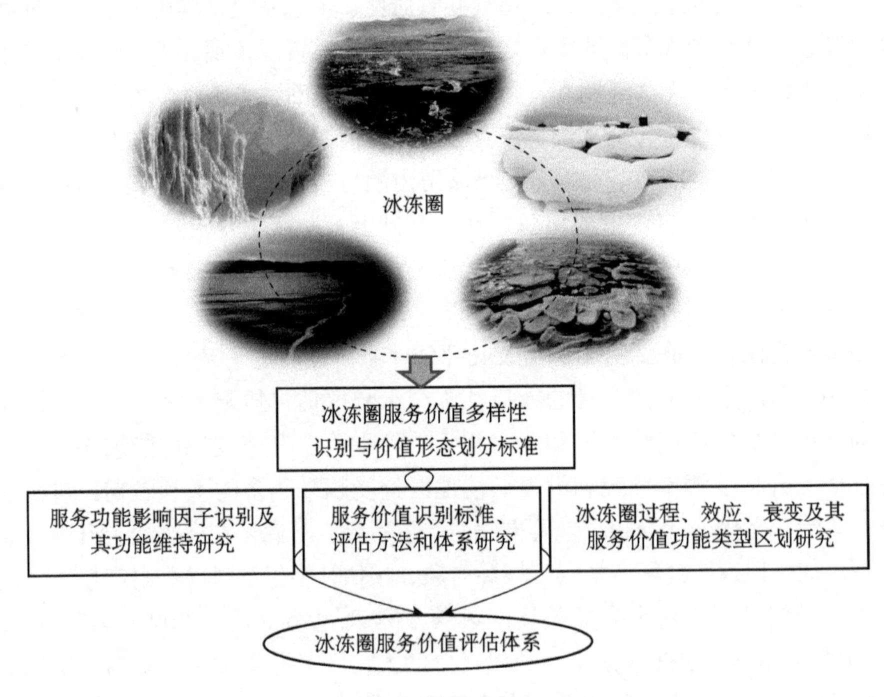

图8-1　冰冻圈服务价值功能研究的主要领域

（二）冰冻圈变化的脆弱性评估与适应性研究

1. 冰冻圈变化的脆弱性评估

气候变化对自然和人类环境所造成的影响清晰可辨，如何采取更广泛的措施降低对气候变化的脆弱性，提高适应能力，成为气候变化研究领域的重点和热点。作为地球的负温圈层，冰冻圈对气候变化十分敏感，冰冻圈变化是气候变化的敏感指示器，冰冻圈变化的脆弱性评估和适应性研究近年来受到了国际学界的广泛关注。目前，极其强调冰冻圈与社会系统之间的内在链接，呈现了社会-冰冻圈系统的研究理念，即认识冰冻圈变化的脆弱性和适应性，必须跨越自然科学的局限，综合集成工程、规划、社会科学等学科，这是该领域国际研究的明显趋势。针对这一趋势，中国科学家在冰冻圈变化与社会经济系统的交叉、融合方面进行了探索，在冰冻圈变化的脆弱性定量评估模型开发、冰冻圈变化的适应领域做出了积极努力。

国际上对冰冻圈变化的自然影响（如水文、生态、气候影响等）的研究由来已久，而对冰冻圈变化的脆弱性评估与适应性研究尚没有深入开展。基本概念、理论依据、评估方法均无可供参照的基础，中国科学家借鉴气候变化脆弱性评估方法，从冰冻圈变化的科学内涵、涉及领域及评估方法等方面开展了研究，脆弱性评估指标和模型充分体现了冰冻圈的自然、经济社会属性，以及对冰冻圈物理性质的刻画。利用系统暴露、敏感性与适应能力三个关键参数，将冰冻圈变化—社会经济系统影响—社会经济系统脆弱性—社会经济系统适应形成逻辑主线，建立了暴露、敏感性与适应能力三元结构函数关系，得出了“系统暴露程度越高，敏感性越强；适应能力越小，系统脆弱性就越大”的结论。

2. 冰冻圈变化的适应性研究

冰冻圈变化既包括组成冰冻圈的冰川、冰盖、冻土、积雪、河（湖）冰、海冰、冰架等各要素组分、量级变化，也涵盖冰冻圈内部以及冰冻圈与其他圈层相互作用关系的变化。冰冻圈的变化将影响自然、人工生态系统，以及社会经济系统的结构、功能，进而影响自然、人工和社会经济系统不同的福利产出效应。冰冻圈变化的适应是系统应对冰冻圈变化所表现出来的调整，这种调整的空间、水平、程度可用适应能力表示，为了降低系统的脆弱性，最直接、最有效的途径就是提高系统适应能力。尽管气候变化适应的分类多样，但国内外关于冰冻圈变化的适应研究刚起步，目前还没有达成共识的理论方法和模型。不过，根据冰冻圈与气候变化的基本特点，影响、脆弱性、适应性评估是识别冰冻圈变化负面影响、认识冰冻圈变化适应能力的主线，适应对象、适应尺度、适应类型、适应要素则是组成冰冻圈变化适应的四个组件。通过适应对象、适应尺度、适应类型、适应要素的选择和综合分析，揭示不同层级自然系统的恢复能力、不同社会经济系统的调整能力，进而提出冰冻圈变化的应对举措，用于应对冰冻圈变化及其过程中生态、环境、经济、社会可持续发展的决策和管理。

尽管冰冻圈变化的脆弱性评估与适应性研究刚刚起步，但中国科学家对冰冻圈变化的脆弱性评估与适应性研究范畴、概念、关键科学问题、研究内容、时空尺度、评估方法等进行了较深入探索。他们以冰冻圈变化影响、脆弱性、适应为主线，基于冰冻圈要素的多样性、与社会经济系统界面交汇的复杂性与显著的区域差异性，初步梳理出了适应类型、适应效果、适应分区、社区转型等研究秩序（图 8-2），基本建立了冰冻圈变化脆弱性评估与适应研究体系，在方法论方面，为冰冻圈变化的脆弱性评估与适应研究奠定了框架。

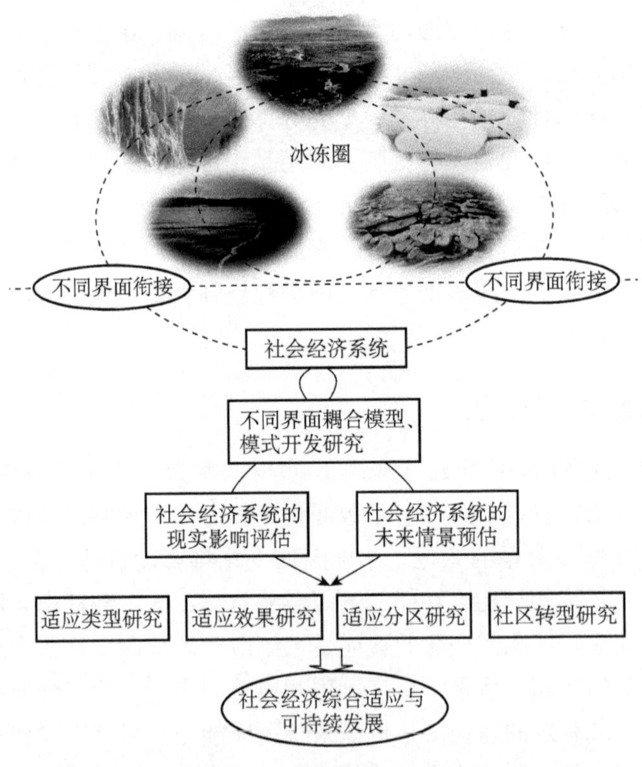

图 8-2 冰冻圈变化与社会经济适应研究基本框架

（三）冰冻圈灾害与风险评估研究

1. 冰冻圈灾害特点

冰冻圈环境相对恶劣，社会经济相对脆弱，并对气候变化极为敏感，冰冻圈各类自然灾害频繁发生，进而严重影响冰冻圈承灾区居民的生命和财产安全，以及寒区交通运输、基础设施、农牧业、冰雪旅游发展乃至国防安全，使承灾区社会经济系统遭到了巨大破坏并潜伏多种威胁。冰冻圈灾害是在多种条件作用下形成的，既受冰冻圈自身内部动力控制，又受外部条件（如气象气候条件、承灾体结构、地震强度等）的干涉影响，其灾害发生时间、地点、强度等均具有极大不确定性。同时，冰冻圈灾害还具有一定的群发性和链生性。冰冻圈灾害的群发性表现在某一时间段内或某一地区接连发生多种自然灾害，这些灾害在其发生、发展过程中往往会诱发一系列的次生灾害和衍生灾害，这些灾害共同作用于人类社会，形成灾害的叠加作用过程，放大了源生灾害造成的影响。例如：冰雪强烈消融引发冰雪洪水的产生；冰湖溃决引发洪水、泥石流，洪水、泥石流引发山体崩塌、滑坡，山体崩塌、滑坡导致堰塞湖的形成；春雪、寒潮引发冷冻雨雪天气，进而导致生物冻害、交通瘫痪等。

由于冰冻圈要素的地理特殊性，冰冻圈灾害主要分布在高纬度、高海拔、高寒地区，尤其是喜马拉雅山中段和雅鲁藏布江大拐弯周边地区冰碛湖灾害集中、喀喇昆仑山区和天山西部冰川湖溃决频繁。全球冻土灾害分布与多年冻土分布一致，加拿大、美国阿拉斯加、俄罗斯西伯利亚及中国青藏高原是冻土灾害主要分布区。雪灾在中国西部阿勒泰、三江源、那曲、锡林郭勒地区（盟）以及蒙古国大片牧区多见。冰冻圈减灾、降险研究已成为冰冻圈变化及其影响研究的重要内容，欧洲许多国家还专门启动了针对山地冰川灾害风险的监测、诊断、预防等研究计划，旨在诊断、监测和防治未来冰冻圈灾害，保护人民生命，减少灾害损失。同期，联合国环境发展计划支持国际山地中心在兴都库什—喜马拉雅地区开展冰湖研究工作，对全球变暖导致的潜在冰湖溃决洪水及泥石流灾害进行识别。国际上关于冰冻圈灾害与风险削减路径研究方面着重强调三个方面：理解冰冻圈灾害和风险，需要充分认识致灾因子、暴露和脆弱性；通过风险管理和工程策略可以预防冰冻圈灾害；社会经济、政治和文化因素可以减少冰冻圈灾害的敏感性。以往冰冻圈灾害研究多集中于单一灾种成灾机理方面，且进展显著，当前陆续转向冰冻圈单灾种综合研究方向，未来基于系统论和灾害全过程管理理念的冰冻圈多灾种综合研究将是重要的发展趋势。

2. 灾害风险分析

风险是指由潜在的致灾因子或极端事件造成的负面影响或损失，它可由两个基本要素来定义：负面后果及其发生的可能性。灾害是指一个社区或系统的功能被严重扰乱，涉及广泛的人员、物资、经济或环境的损失和影响，且超出自身应对的能力。冰冻圈变化对社会经济系统的影响，除通过脆弱性评估认识其影响程度外，从风险的视角评估其影响也是重要途径。2015年，瑞士、英国与美国的科学家在系统总结过去几十年冰冻圈变化的影响与已有应对研究成果的基础上，全面、系统地分析了气候变暖条件下冰冻圈变化的直接与潜在影响，以及可能引发的危害、风险与灾害，提出了冰冻圈相关风险与灾害的综合适应途径与风险管理措施。从风险角度评估冰冻圈变化的影响，主要聚焦于灾害性的后果方面。以中国科学院寒区旱区环境与工程研究所为主导的研究团队总结了我国主要冰冻圈灾害的致灾因子、主要影响区域及相应的主要承灾体状况，指出我国冰冻圈灾害的主要影响区在西部，由于经济、人口等条件，冰冻圈灾害的影响较低，但由于适应能力较低，脆弱性较高，受灾的风险又较高。在冰冻圈综合风险评估基础上，针对冰冻圈的要素，国内外学者进一步深化了单要素的灾害风险评估。例如，针对加拿大西南海岸山脉冰湖问题，以175个冰碛湖18个候选预测因子的遥感监测值为基础，根据逻辑斯蒂回归方法，遴选湖面距坝顶高度与湖坝宽度、坝内是否存在冰核、冰湖面积、冰碛坝主要岩石结构参数，划分加拿大西南海岸山脉冰碛湖溃决风险等级。中国学者根据已有的文献，提出了冰湖溃决风险评价体系，评价了喜马拉雅山区冰湖溃决灾害风险；以三江源为例，从危险性、暴露度、脆弱性和适应能力四大指标中选取十项评价因子，对其雪灾风险进行了评估，揭示了雪灾风险的空间分异规律。Nelson等在评价气候变化对多年冻土区域影响的前提下，分析了热融沉陷和热喀斯特发育的敏感性，并结合工程建设对多年冻土的影响及后者的反馈作用，对环北极多年冻土区进行了不同气候情景下的灾害分区及潜在危害性评价。综上，冰冻圈灾害风险分析目前仍是零散的，处于个案研究阶段，尚未形成成熟的理论与方法体系，特别是在损失评估、风险评价、措施的成本-效益分析等方面基本处于空白状态，还难以为冰冻圈灾害风险决策提供可靠依据与支持。

总之，冰冻圈影响的脆弱性、风险、冰冻圈服务及冰冻圈影响的适应是冰冻圈科学从自然规律认识走向经济社会应用的桥梁，学科交叉、自然人文综合是其研究的重要方向；尺度扩展、服务价值延伸是其研究的重要目标；定量分析、指标评价、模型模拟是其研究的重要手段；而模型模拟更是准确理解冰冻圈过程在社会经济领域作用范围、作用强度及作用结果的重要手段，这方面的研究目前还处于探索阶段，将成为冰冻圈科学研究的未来趋势和重要研究方向。

二、未来发展趋势

（一）由单一自然学科转向自然-人文学科大综合

由于冰川、冻土、积雪、海（河湖）冰等具有资源、环境、灾害属性，也即体现了冰冻圈与资源、冰冻圈与环境、冰冻圈与灾害、冰冻圈与经济、冰冻圈与文化之间的内在联系，以及对社会经济系统相互作用和相互制约关系，随着冰冻圈科学向深度和广度扩展，冰冻圈科学所涉及冰冻圈与经济、社会问题之间的衔接和延伸是学科发展的必然趋势，而自然-人文学科大综合是拓展冰冻圈科学应用性、强化和丰富冰冻圈科学社会性的基础。针对冰冻圈科学众多热点和焦点问题，多学科综合与多要素、多领域集成研究是未来发展趋势。这些学科大综合的思路在与冰冻圈有关的众多国际计划中已经有所体现。例如，中国与日本联合，在国际上倡议成立的亚洲 CliC 计划，旨在研究亚洲冰冻圈的动态变化及其对区域水资源、环境及人类发展的影响，以及中国科学家在国际地圈生物圈计划中提出的 Impacts from Changes in the Cryosphere on the Biota and Societies in the Arid Central Asia（CCACA）集成研究计划均表明，冰冻圈科学研究自然-人文学科大交叉、大综合方面发展的态势将更加明显。

（二）由定性描述和指标评估转向模型精细刻画

对事物的定量认识是现代科学认识的重要标志之一，凡是科学的认识都必须是定量认识和定性认识的统一，同时，没有正确的定量认识，很难达到精确的、科学的定性认识。正因如此，随着社会科学的发展，用定量分析的方法、科学认识社会事物的发展变化，正确分析社会经济问题和现象，已被越来越多的社会学家所采用。冰冻圈变化对水资源、高寒生态、绿洲经济等均具有突出影响。为更好地促进自然-社会经济系统的可持续发展，定量评估冰冻圈变化的未来趋势及其对社会经济的影响是必然趋势。在过去较长时间内，冰冻圈变化及其影响、适应研究已有诸多成果体现了定量研究的尝试，推动了定性向定量的过渡，突出表现在冰冻圈要素及其变化的脆弱性、适应能力的评估指标遴选、评估指标体系的构建上。随着冰冻圈科学的发展，自然与人文学科交叉的不断深入，指标评估所体现出来的主观、人为性缺陷越来越突出。而冰冻圈与社会、冰冻圈与经济之间联系的数量关系并不清楚，未来在方法上促进由指标法向模型法的转型，利用定量模型的构建、作用关系的刻画是冰冻圈与可持续发展研究的重要革新领域，也是科学回答冰冻圈对不同尺度、不同类型、不同对象社会经济系统现在、未来影响，有效应对、促进社会经济可持续发展的重要工具。

（三）由关注灾害转向灾害风险效应和服务功能并重

冰冻圈变化对自然和社会经济系统均具有显著影响，冰冻圈变化直接影响灾害发生频率、程度与影响范围。山地冰川消融退缩和冰湖扩张，已引起了冰湖溃决洪水、冰川泥石流等重大冰川灾害发生频率加剧和影响程度加大。随着气候变化及经济快速发展，积雪灾害也频繁发生。在此背景下，以往对其负面效应（冰冻圈要素及其变化导致的灾害）研究较深入，但对其正面效应（冰冻圈服务功能）缺乏系统梳理，理论和方法体系更处于空白，使冰冻圈科学研究与社会经济可持续发展之间的“咬合度”不够。随着冰冻圈变化潜在影响的级联效应不断扩展，冰冻圈与生态、经济、社会问题之间的衔接既是学科发展的必然趋势，也是延伸冰冻圈科学应用价值的必然要求。过去数十年的前期研究为冰冻圈变化及其对社会经济影响、风险评估与可持续发展奠定了重要基础，未来将更加重视冰冻圈变化效应研究、成果应用，在冰冻圈多重效应下，构建冰冻圈社会-自然复杂系统可持续性治理方法、方案和举措。

（四）由典型流域与关键地区转向典型区、国家和全球冰冻圈并重

尺度是地学研究的重要概念，指在研究某一对象或现象时所采用的空间或时间单位。地表自然与社会经济系统的发展演化是一个复杂过程，研究对象在不同尺度上会表现出不同的特征和变异性，大尺度上发生的许多现象和过程根源于小尺度的变化；同样，大尺度上的改变也会反过来影响小尺度上的现象和过程。时间和空间尺度包含于任何地理过程、经济过程及社会过程之中，只有在连续的尺度序列上对其进行考察和研究，才能把握它们的内在规律。而在一个特定的时段，由于科学认知水平、财力、时间和精力等方面的限制，很多研究只能在单尺度、小尺度上进行。由于立足冰冻圈变化影响的级联作用视角，开展冰冻圈变化受影响地区和影响对象的脆弱性、适应

能力及空间分异等方面的研究基础薄弱，对社会经济分区、分类适应机制的认识肤浅，可资利用的理论框架和评估方法明显缺乏。所以，过去较长时间内该领域的研究一般都基于典型流域、关键地区尺度进行冰冻圈变化的脆弱性、适应能力的相关分析，如长江黄河源区、阿克苏流域、疏勒河流域及喜马拉雅地区等。随着冰冻圈对社会经济系统影响的不断深入，冰冻圈与社会经济之间的关联性不断增强，揭示冰冻圈和社会经济系统的相互作用机制和一般性规律日趋迫切，流域、关键地区等小尺度的研究越来越难满足这一需求，尺度向上转换，由流域、关键地区转向国家尺度、转向整个冰冻圈尺度成为未来研究过程的重要环节。实际上，空间格局和时间过程是研究尺度大小的函数，当尺度增大时，非线性特征下降，线性特征增强，空间异质性将会降低，通过改变尺度的大小，从不可预测、不可重复的个案转向行为规则的大区域、冰冻圈整体，从而泛化出冰冻圈与可持续发展相互影响、相互作用的普适性、一般性规律，这是未来较长时期内的研究趋势。

（五）由注重学术价值转向学术价值和国家战略服务并重

冰冻圈变化过程、影响机理和适应机制的系统研究，是整体提升冰冻圈科学研究水平，体现冰冻圈学术价值的重要方面。尽管各领域研究程度各异、研究水平参差不齐，但冰冻圈变化机理、冰冻圈与气候相互作用关系、冰冻圈变化的影响及适应构成了冰冻圈科学内涵和外延的主干研究领域，主干研究领域的深化推动了冰冻圈科学向学科体系化方面迈进，提高了冰冻圈科学整体水平。近年来，在提升冰冻圈科学本身学科价值的同时，冰冻圈科学的角色也在发生显著的变化，冰冻圈科学延伸服务国家战略的实践作用日趋凸显。目前，从全球范围来看，冰川、冰盖、积雪、冻土、海冰等冰冻圈要素在气候系统的作用还处于较简单的认识层面，基于冰冻圈物理过程、考虑冰冻圈各要素时空尺度的气候系统变化机制还很不清楚，冰冻圈机理和气候相互关系的深入研究，将为此提供深化认识气候系统变化机制的科学依据，从而掌握气候谈判中的主动性。从区域的角度来看，需要关注的是冰冻圈变化影响不受国界限制，往往具有跨国界影响的事实。随着气候变暖的影响，北极海冰减少所引发的国际航道、海洋资源等已经引起国际关注，国际能源大通道、国际地缘关系将发生巨大改变；因冰冻圈变化产生的全球海平面变化及环境问题倍受关注。这些迹象充分显示了冰冻圈科学的作用已超越学科本身的学术价值，这是学科作用由注重学术价值转向实践意义与国家战略服务紧密结合的重要标志，也是未来冰冻圈与可持续发展研究的主航标。

第二节 未来10年发展目标

一、构建冰冻圈与社会经济耦合模型，量化冰冻圈变化对社会经济的影响

冰冻圈动态变化，冰冻圈变化对气候、水文水资源、生态、环境的直接影响，以及通过气候、水文、生态、环境等过程对人类社会经济的间接影响，构成了冰冻圈变化及其影响的主要内容。目前，冰冻圈变化及其自然影响的模型定量化已取得了实质性的突破，但冰冻圈变化的社会经济影响研究仍然处于定性与半定量化状态，无法回答全球、国家、地区尺度冰冻圈变化对社会经济发展的影响程度、空间差异、未来演变趋势等问题。如何将冰冻圈与社会经济这两个系统相联系，探寻二者之间的链接方式、关键衔接要素，构建冰冻圈与社会经济耦合模型，是实现定量化、认识冰冻圈变化影响程度的关键。因此，在未来10年，需要在以下两个方面展开关键性研究：①开展冰冻圈致灾因子危险性模拟，量化灾害对社会经济的可能影响程度，较为准确地刻画不同冰冻圈灾害类型、在不同地理尺度上对社会经济造成的损失；②通过分析链接方式、关键链接因子，构建基于需求的生态、城市、人居与经济发展模型，在此基础上，引入经济学的供给与需求理念，建立冰冻圈变化供给与社会经济需求之间的平衡，从而构建冰冻圈与社会经济耦合模型，从平均状态与极端变化两个层面量化冰冻圈变化对社会经济的影响程度，并进行情景分析。

二、冰冻圈变化风险的适应途径与措施

冰冻圈过程导致的灾害是冰冻圈变化对人类社会经济的直接作用，不同时空尺度的冰冻圈核心区、作用区、影响区，其灾害发生、发展与破坏程度不同。因冰盖融化引发的海平面变化、冰川融水径流的年际变化、冻土退化引发的寒区生境变化，这些均为渐变过程，其对人类社会经济的影响是缓慢的，其风险是随时间逐渐呈现与放大的。冰冻圈变化影响已然是科学事实，人类社会无法直接减缓冰冻圈变化，应对需要付出巨大代价，适应是最佳的选项。

冰冻圈变化风险与适应是整个冰冻圈变化、影响、风险、适应链条中的下游环节，亦是冰冻圈研究服务社会经济发展的出口。冰冻圈要素众多，有冰川（山地冰川、冰帽、极地冰盖、冰架等）、冻土（季节冻土和多年冻土）、积雪、固态降水、海冰、河冰、湖冰等，这些要素的空间分布、变化

形式、变化过程不同，对社会经济所产生的影响程度、脆弱性、风险级别、空间分布亦迥然不同。因此，应根据不同冰冻圈要素，分门别类地研究其变化、影响、风险、空间差异，之后提出有针对性的适应措施与技术途径。

未来 10 年要全面开展对冰冻圈诸要素影响的风险评估，形成流域尺度和区域尺度风险评估体系，在此基础上，综合评估冰冻圈变化影响的流域、区域及全球风险。根据未来风险分析，拟定有针对性的适应方法、途径和策略。

三、确定冰冻圈可利用的资源形态，量化冰冻圈服务功能及其价值

随着中国经济的深度发展与全球化进程的加快，资源约束日趋显现，在全球范围内开发可利用资源，挖掘各种可能开发的资源，已经是中国经济高质量发展的迫切需要。冰冻圈这一地球的冷圈，蕴藏着丰富的水量、水能资源、矿产资源、冷能资源及其他形式的资源。而由于冰冻圈的高寒环境与独特的存在形式，对冰冻圈可利用的资源认识不够，开发利用程度不深。全球经济一体化、资源开发与争夺已经深入冰冻圈领域。因此，着眼于国家利益，依托我国已开展的冰冻圈多要素研究，确定基于冰冻圈的可利用资源形态、总量、开发程度、优先开发资源、开发区位、开发方式、开发时间等。冰冻圈是生态系统的一员，亦是一种有变化周期、有一定更新能力的资源，秉承生态系统的服务功能，冰冻圈亦如此。从生态学视角、资源层面研究冰冻圈服务功能已经是当下国家经济发展使然与冰冻圈科学体系建设需要。冰冻圈有多大的服务功能，其价值几何，以何种形式呈现，冰冻圈服务功能的类型、强弱、转化等，是新兴的冰冻圈服务功能研究需要回答的问题和重要的研究目标。

四、揭示冰冻圈变化与国际地缘关系，开发应对方案与适应战略

冰冻圈变化涉及跨境河流上下游、不同国家和地区间资源利益及地缘政治、地缘经济问题。北极、南极是世界各国拓展科学研究极为关注的热点和焦点地区。北极海冰显著萎缩，使得航道开通，能源、矿产资源开发更加可行，环北极国家对此高度关注，北极冰冻圈可能成为 21 世纪世界经济的引擎。高亚洲冰冻圈是除两极之外的又一关注热点，该区冰冻圈变化引发的诸多的水、环境、生态、社会等问题已成为诸多国家地缘关系考量的重要内

容。因此，从全球高度，布局冰冻圈科学研究；重点构建冰冻圈模型；量化北极冰冻圈变化对我国经济发展的可能影响；高亚洲冰冻圈变化对水、环境、生态、社会的影响程度与区域差异；着力推动冰冻圈变化的主动适应研究；从国家战略高度出发，研究针对两极外围地区、高亚洲边缘地区不同层次的应对与适应战略，是未来极其迫切的任务。

第三节　关键科学问题

以冰冻圈过程动力响应和时空差异研究结果为基础，将以自然研究为主转向人文自然融合研究，围绕冰冻圈科学研究的导向性、综合性、系统性和关联性，促进冰冻圈变化影响研究向社会经济这一下游链条延伸，拓展冰冻圈科学的社会属性、经济属性，重点研究冰冻圈变化和社会经济多重耦合过程，交互影响辨识，以及人类行为、经济活动和制度的适应模式，为社会经济可持续发展寻求科学对策。主要包括以下三个关键科学问题。

一、定量化认识冰冻圈变化的影响

在全球变暖背景下，冰冻圈要素变化及冰冻圈与其他圈层相互作用和关系的变化改变着人类赖以生存的资源、生态、环境状况，影响到不同区域、不同对象、不同类型的社会经济系统，进而改变着人类的生态、经济福利，制约着人类的生存质量和可持续发展能力。然而，冰冻圈不同要素及其组合是如何的，以及在多大尺度上、多大程度上影响社会经济过程是冰冻圈变化对社会经济影响研究面临的重要而又十分关键的科学问题之一。其关键层次和问题包含以下四个主要方面：①通过冰冻圈过程关键参量的率定，开发分类模型、结构模型、组合模型及多标尺刻画模型工具；②量化冰冻圈变化对不同对象、不同系统的现实影响、潜在影响及情景仿真；③模拟冰冻圈渐变过程、突变过程情景下对资源、生态、社会与经济的影响及效应，数量关系、效应等级、空间分异；④定量区分冰冻圈变化对自然资源、生态功能、灾害风险、经济增长、文化保护、社会福利的驱动作用和角色。

二、建立冰冻圈服务功能测评体系

差异极其显著的冰冻圈服务功能、形态和空间，对不同社会经济系统及对象表现出不同的惠益资源、惠益产品、惠益福祉，使得服务功能大小、服务功能结构、服务功能过程在时空尺度上存在显著分异，阐明这些多样性、差异性和阶段性规律，需要充分认知冰冻圈与社会经济之间的内在联系，构架描述冰冻圈与社会经济服务对象的核心标尺和量化桥梁，这是冰冻圈服务功能研究的关键。建立系统的、规范的冰冻圈服务功能多样性分类方式和参照体系；针对冰冻圈自身的特征，遴选、开发冰冻圈直接的、间接的、使用的、非使用的、现实的、潜在的等多种服务价值形态的最适合、规范化核算方法；建立冰冻圈服务价值评估体系，研究冰冻圈服务价值最大化的途径和价值范围；根据冰冻圈服务功能供给的强弱、供给的阶段、供给的空间评估，揭示冰冻圈核心区、影响区、辐射区之间的服务价值流动规律，形成系统的、综合的冰冻圈服务功能测评体系。

三、开发冰冻圈与社会经济适应模型

根据冰冻圈变化，有序、有节、有力调整社会经济运行方案及行动计划，最大程度降低冰冻圈变化的负面影响和社会经济脆弱性，最大程度促进社会经济可持续发展能力，需要依赖连接冰冻圈、社会经济两个不同界面主要参数及其相互作用、相互影响的定量手段。只有提高冰冻圈变化与社会经济适应过程的模拟能力，才能深刻揭示和定量表达冰冻圈变化与社会经济的响应、互馈、适应过程的各种内在机理，才能阐释冰冻圈变化对社会经济作用的程度、作用方式。从全球视野探讨冰冻圈及其变化和社会经济系统之间的相互联系、相互作用，研究冰冻圈、社会经济两个异质系统的关联方式和衔接途径，通过科学认识冰冻圈影响地区、影响对象的致利效应、致灾风险、适应能力及其时空分异，将冰冻圈变化的要素、整个冰冻圈层与社会经济多个界面提升到科学表达链条上，确立完整性、系统性、针对性和科学性的特征指标，开发冰冻圈变化-响应-区域适应耦合模型，是社会经济系统适应冰冻圈变化研究领域最重要、最迫切、最关键的科学问题。

第四节 重要研究方向

可持续发展是不断满足人类需求的目标。冰冻圈变化与可持续发展存在紧密的内在关联，这种内在联系充分体现在冰冻圈变化的致利影响、致害影响及社会经济适应三个重要方面（图 8-3）。其中，致利影响包括冰冻圈服务功能、国际地缘关系两个重点方向，风险评估、适应分别对应致害和社会经济适应两个重点方向。

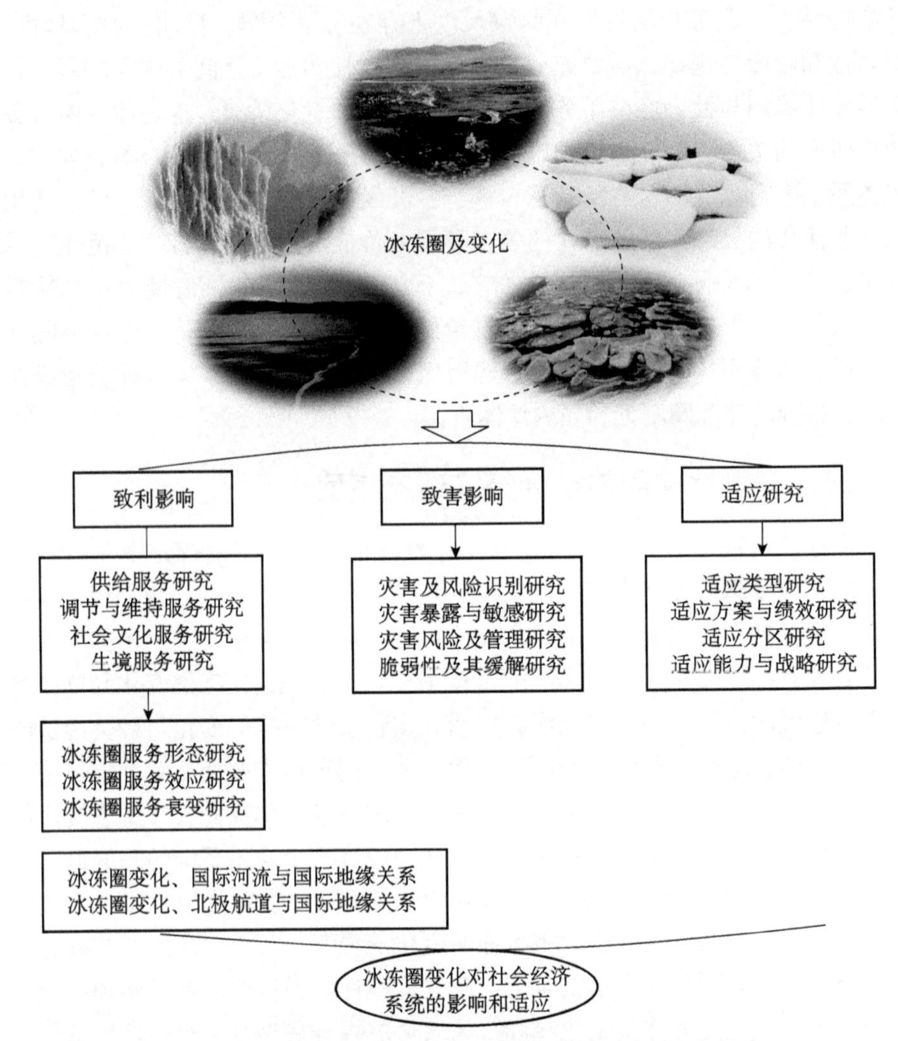

图 8-3 冰冻圈与社会经济可持续发展研究重点方向

一、冰冻圈服务功能及其价值评估体系化研究

随着社会经济发展水平和人民生活水平的不断提高，人们对冰冻圈服务的认识、重视程度和为其支付的意愿也不断增加。冰冻圈服务价值形态的多样性、复杂性特点，决定了冰冻圈服务功能识别、评价体系化研究的重大需求，优先发展方向包括以下五个方面。

1. 冰冻圈服务功能影响因子识别及其功能维持研究

针对冰冻圈供给、调节、社会文化、生境服务等功能，研究影响各服务功能的关键因子及组合特征。针对冰冻圈物质、能量过程和变化阶段，研究冰冻圈功能维持的时空规律。针对冰冻圈服务的种类，阐述不同服务形态在一定时间和空间范围内的价值表现形式；分析冰冻圈单一服务、组合服务、文化与自然融合服务的内部结构特征、空间异质性及其变化趋势。

2. 冰冻圈服务价值评估方法和体系研究

创新服务价值计算方法，研究服务价值定量化和最大化途径，利用学科交叉知识，研究、开发符合冰冻圈科学规范、反映冰冻圈特质、满足社会经济发展需求的服务功能及其价值评估体系，评估冰冻圈变化情境下和不同人文社会价值取向下，冰冻圈服务价值的升贬规律。

3. 冰冻圈服务的社会、经济、生态效应研究

构建冰冻圈服务与经济增长、社会发展、生态建设中的综合效应分析框架，研究在冰冻圈服务约束下的工业化、城市化和社会发展问题，并从冰冻圈核心区、影响区、流域、社区等尺度对冰冻圈服务效应进行实证分析，提出相应的政策建议。

4. 冰冻圈服务的衰变规律研究

重点研究冰冻圈服务在时空尺度上的衰变规律及其拐点、阈限。

5. 冰冻圈过程及其服务价值功能类型区划研究

依据冰冻圈发育阶段、影响区域、服务对象，确立冰冻圈服务功能类型区，进行功能区划；研究冰冻圈服务受益国家（地区）和冰冻圈影响受害国家（地区）间的权利共享和责任机制。

二、冰冻圈与国际地缘关系研究

冰冻圈作为地球系统的重要圈层，作为全球环境变化的重要分量，不仅影响人们的生活方式，而且影响国家安全和核心利益。最为显见的是冰冻圈变化对跨境水资源、国际航线的影响，因此，冰冻圈变化与国际地缘关系研究不仅是科技界为迎接以全球环境为主体的挑战而做出的科学行为，也是维

持自身生存和可持续发展而必须为之的国家任务。当务之急，应开展冰冻圈变化、国际河流与国际地缘关系，冰冻圈变化、北极航道与国际地缘关系，以及冰冻圈变化、能源资源与国际地缘关系三个方面的研究。

1. 冰冻圈变化、国际河流与国际地缘关系研究

冰川、积雪不仅是干旱地区内陆河和山区河流的主要径流供给源，诸多跨境河流也发源于冰川，冰川融水供给中游和下游地区的水资源，维持着流域经济和生态系统的协调和发展。水资源由此与政治、经济、生态环境、安全等议题联系在一起，决定了周边水资源安全蕴藏着复杂的内容和多变的特征。为此，迫切需要系统开展冰冻圈变化-水资源安全-地缘政治关系研究；分析冰冻圈变化与跨境河流水资源供给情景、战略角色及国别合作关系。

2. 冰冻圈变化、北极航道与国际地缘关系研究

随着全球气候的变暖，北冰洋海冰不断退缩、减少，这使得北极航道全年开通成为可能，开发利用北极地区资源和空间变得越来越现实。北极航道全年开通后，要比绕行南部的苏伊士运河和巴拿马运河缩短约 40% 的航程，航程的缩短将直接降低时间成本，产生巨大的经济效益。在未来 10 年或更长时期内，迫切需要在揭示海冰变化时序、季节与通航的内在关系基础上，开展北极航道路线机会成本、时间成本评估，阐明北极航道经济效应；研究北极地区环境变化及极端灾害时空规律，提高该区域天气、气候和自然灾害预报精准水平。

3. 冰冻圈变化、能源资源与国际地缘关系研究

矿产、能源是维系国家安全，保障国家社会经济健康、稳定、持续发展的战略资源。海洋资源、渔业资源是蓝色经济、绿色经济的基础，保护蓝色海洋、创造绿色经济是我国长期的战略任务。北冰洋冰雪消融后，不仅开采油气资源将更加容易、可行，而且海洋、渔业资源的利用空间将更大、渠道将更宽，北极资源无疑将为我国能源和其他资源供应提供新基地。为了未雨绸缪、抢抓机遇、力争主动，应尽快开展白令海、楚科奇海及海盆衔接区海洋资源的调查研究，摸清资源赋存状况，科学支撑我国远洋渔业、海洋经济可持续发展；探索北极能源合作基础，开展北极航道与国际能源战略格局研究，拟制经略北极航道的能源战略规划。

三、冰冻圈灾害风险评估与管控研究

冰冻圈变化—冰冻圈灾害—冰冻圈风险—社会经济影响链条的关系紧密、作用效果复杂。因此，社会经济可持续发展有赖于分析、评估和理解冰冻圈变化对社会经济系统的灾害风险，以期针对性地调整社会经济活动轨迹，规划实施社会经济活动布局，制定降低灾害风险的举措，提高人类社会的可持续发展能力。鉴于此，该领域以下三个方面将是未来关注的研究主线。

1. 冰冻圈灾害及其风险的分析方法研究

基于冰冻圈灾害及其风险分析、建模、损失评估方法基本上还未曾起步的现实，开发具有适合冰冻圈灾害风险评估的定量方法。

2. 冰冻圈灾害及其风险的敏感对象识别研究

冰冻圈核心区、影响和作用区社会经济承灾能力，均深刻关联到不同对象对冰冻圈灾害及其风险的敏感性水平，也深刻影响不同对象应对灾害及其风险的策略。因此，冰冻圈灾害及其风险的敏感性对象研究，既是冰冻圈灾害及其风险识别研究的重要目标，也是降低冰冻圈灾害风险的重要手段，这方面的研究应在未来的冰冻圈与可持续发展领域中充分体现。

3. 冰冻圈灾害风险管理及其恢复力研究

冰冻圈灾害是自然与社会系统共同作用的结果，降低致灾因子的危险性常常难以实现，但承灾区风险管控能力的提升则可以减小或规避致灾因子造成的破坏与损失。因此，亟须将风险全过程管控理念应用于冰冻圈多灾种综合风险评估与管理研究，以增强冰冻圈多灾种预警预报和防灾、减灾能力，以及灾害恢复能力。依据多灾种时空分布规律，制定风险区划，绘制风险地图；从风险“源头”控制向“全过程”管理理念转变，利用灾害风险预防、风险转移、风险承担、风险规避等方法，研发冰冻圈多灾种灾害综合风险管控体系。

四、冰冻圈变化影响的适应研究

全球环境变化研究由自然科学占主导地位的研究向自然和人文科学综合研究过渡，是国际科学发展的客观要求。在认识冰冻圈自然过程的基础上，力图将自然与人文过程相互结合，为社会可持续发展寻求适应科学对策，这是国际全球变化研究变革的趋势，也是冰冻圈科学发展的逻辑主线。由于冰川、冻土、积雪、海冰等具有资源、环境、灾害、经济特征，表现为冰冻圈与社会经济系统之间相互作用和相互制约的本质属性。随着冰冻圈科学向深度和广度扩展，冰冻圈科学所涉及资源、生态、灾害、经济与社会系统之间的衔接和延伸越来越超出冰冻圈固有的自然属性范畴，因此，冰冻圈与社会经济耦合研究是拓展冰冻圈科学应用性、强化和丰富冰冻圈科学社会性的重要手段和方向，重点研究领域和方向包括以下四个方面。

1. 冰冻圈变化与社会经济耦合模型研究

研发针对不同对象、不同目标、不同界面的耦合模型，精准描述关联效应，判断社会经济行为效果，提出适应策略。研发冰冻圈变化对水资源供给、农业生产和粮食安全、休闲与人类健康、国家和地区社会经济影响的分类模型、集成模型，预估冰冻圈变化过程对未来不同时期社会经济的影响程度，提出社会经济适应方案。

2. 冰冻圈变化的社会经济适应类型研究

根据冰冻圈变化特点，划分社会经济系统对冰冻圈变化影响的适应类型，从主动、被动适应，短期、长期适应，现实、潜在适应，经济、社会适应，制度、技术适应等层次出发，建立适合冰冻圈特点的适应类型划分标准体系。

3. 冰冻圈变化的社会经济适应效果研究

分析判断不同系统、不同尺度、不同类型、不同行动措施的适应效果和绩效，筛选有效的适应策略。通过观测、模拟、推断、分析筛选关键信息和因果关系，利用成本有效性、多标准过程等，对可能适应的路径、优点进行排序。

4. 冰冻圈变化的社会经济适应分区研究

开展跨尺度的比较适应和分级、分区研究，比较分析全球、国家、区域、地方、流域适应的尺度效应；依据因果因素，探寻国家、区域、流域尺度的适应能力热点、冷点区，划分空间适应等级；模拟冰冻圈变化情景，开展冰冻圈敏感区社区文化变迁与生计转型发展研究。

第九章 资助机制与政策建议

自20世纪50年代以来，我国在冰冻圈各要素（如冰川、冰盖、冻土、积雪等）研究方面取得了长足的发展，积累了大量的科学数据，获得了瞩目的成果。在此基础上，与国际冰冻圈科学研究同步，于2007年建立了冰冻圈科学国家重点实验室。近10年来，我国冰冻圈科学发展迅速，建立了冰冻圈科学体系，在冰冻圈的形成、机理和变化、冰冻圈与其他圈层的相互作用、冰冻圈变化的影响与经济社会可持续发展方面开展了系统的研究工作，在亚洲山地冰川、多年冻土和积雪研究方面取得了诸多原创性的成果。然而，与发达的冰冻圈科学强国相比，我国在诸多领域存在差距，特别是在极地冰冻圈研究方面差距较大。

冰冻圈科学研究不但在气候系统变化研究中占有举足轻重的地位，而且在国家需求上意义重大，体现在以下四个方面：①提高东亚地区气候预测准确率，特别是极端天气预报、冬季风预测、寒潮冷涌预测、南方低温冰冻雨雪灾害预报与防治、夏季风演进、雨带预测等；②为国家"一带一路"倡议，以及国家重点生态功能保护区、交通大动脉建设提供科学与技术支撑，如"一带一路"干旱区水资源科学利用、江河源区生态保育、山地灾害防治、寒区重大工程设计与维护、少数民族和边疆地区民生改善与可持续发展等；③增加中国政府和科学家对相关全球性问题与地缘政治的话语权，如北极航道预测与权益、南极洲科学和外交话语权、与冻土释放温室气体相关的碳源汇问题、海平面变化及其影响、国际河流水资源合理利用与科学分水方案（即水权谈判）等；④促进国际冰冻圈科学中心的建立和发展，使我国从冰冻圈科学大国走向冰冻圈科学强国。

为确保中国在冰冻圈科学的优势领域，弥补不足及相对落后的研究方向，本章结合制约本学科发展的关键政策和措施问题，从能力建设、队伍建设、平台建设、国际合作政策、组织保障等方面出发，提出学科发展的有效资助机制与政策建议，特别是通过学科交叉、人才培养、国际合作、平台设施建设等综合途径推动学科发展的政策建议。

第一节　学科建设

通过理论创新和综合集成，中国科学家率先在国际上建立了冰冻圈科学体系，将传统的冰冻圈单要素研究（如冰川学、冻土学等）发展为冰冻圈科学，使之成为一个完整的研究体系，率先阐释了冰冻圈科学的内涵和外延。冰冻圈科学国家重点实验室是国际上最早也是唯一以“冰冻圈科学”命名的研究机构。过去几年来，冰冻圈科学国家重点实验室编辑出版了《英汉冰冻圈科学词汇》《冰冻圈科学辞典》《冰冻圈科学概论》，编制了“中国冰冻圈分布图”。在学科规范和学科建设方面已经取得了初步成效。鉴于冰冻圈科学在国际上的地位和良好发展势头，NSFC 设立了冰冻圈地理学方向，中国科学院地学部已将冰冻圈科学纳入新学科战略的支持重点。

任何一个学科的发展都需要大量的积累，有一定的历程，学科体系的建设不能急于求成，只能循序渐进。未来在学科建设上的具体措施包括以下四个方面。

（1）组织冰冻圈科学学科基础建设，继续完善冰冻圈科学理论体系，逐步完成《冰冻圈物理学》《冰冻圈化学》《冰冻圈环境学》《冰冻圈工程学》《冰冻圈地理学》《冰冻圈灾害学》《第四纪冰冻圈》《冰冻圈水文学》《冰冻圈气候学》《冰冻圈生物学》《冰冻圈人文学》《冰冻圈遥感与地理信息》《行星冰冻圈科学》《冰冻圈微生物学》等冰冻圈科学分支学科教科书撰写，创新冰冻圈科学研究方法，提升冰冻圈模拟研究的水平。

（2）推动冰冻圈科学列入国家高等教育体系，为冰冻圈科学储备人才。

（3）加大冰冻圈科学科普宣传，提高决策层和公众对冰冻圈科学的认知水平。

（4）推动冰冻圈科学体系走向国际，获得国际同行认可，推动以我为主的冰冻圈科学国际计划，引领冰冻圈科学，特别是冰冻圈与人类圈相互作用的研究。

第二节　人才队伍建设

过去30年来，我国先后有10多人在涉及冰冻圈科学的国际计划和组织中任职，为国际冰冻圈科学发展做出了贡献；同时，我国冰冻圈科学领域有5人当选为中国科学院院士，10余人获得国家杰出青年科学基金。尽管在我国冰冻圈科学领域涌现出一批杰出人才，部分优秀青年人才在国际舞台上施展才华得到了广泛认可，但从整体来看，我国冰冻圈科学的人才梯队有待完善，中青年创新人才仍欠缺。首先，科技创新人才必须具有强烈的知识追求、创新意识、创新精神和不拘一格的创新能力。中青年创新人才的缺乏，正是我国缺少世界级冰冻圈科学创新人才和成果的重要原因；其次，开展跨学科新兴领域和跨学科综合集成研究的人才少，知识面单一，应用其他学科（如物理、化学、生物学和数学建模等）知识和技能的能力较弱，这些严重影响我国冰冻圈科技工作者的创新能力，阻碍了新兴领域的快速发展，以及学科间的深度交叉、融合和综合；再次，相对于科学研究的人才队伍，实验和技术开发的人才稀少；最后，冰冻圈科学野外工作环境艰苦，研究生的就业面不宽，难于吸引年轻的优秀人才攻读研究生或长期潜心于冰冻圈科学研究。

因此，需要在积极吸引外来高层次人才的同时，加强培养海洋-大气-雪冰方面的知识复合型青年人才，加大各类人才的支持力度，使冰冻圈科学研究的人才梯度结构合理，青年人才成长迅速。具体举措包括以下四个方面。

（1）培养、引进具有国际视野和能够引领学科发展的高端人才与学术骨干。建议国家自然科学基金委员会的青年人才项目如优秀青年基金和国家杰出青年科学基金等，对冰冻圈科学方面的人才倾斜支持，同时设立冰冻圈科学早期培育基金，固定支持和培育青年人员；建议通过相关协会设立“冰冻圈青年人才奖”，培养和促进青年人才的成长；通过中共中央组织部（如“千人计划”“青年千人计划”）、中国科学院（如“百人计划”）、教育部（如“长江学者”），以及地方的各类人才计划项目，培养和引进从事冰冻圈科学研究的领军人才。

（2）冰冻圈科学创新团队建设。依托国家自然科学基金委员会创新群体和其他创新团队项目，在我国有条件的高等院校与科研院所的重点研究基地和重点实验室，着力建设和培养若干自主创新能力强、专业特长突出、有国际影响力的冰冻圈科学研究团队，形成多支潜力巨大、水平先进、力量雄厚的冰冻圈科学研究队伍。

（3）加强冰冻圈科学的高等教育体系建设。通过举办高校青年教师培训班，造就一批冰冻圈科学的骨干授课教师；面向高年级本科生和研究生，在有条件的高校和科研院所开展冰冻圈科学基础课程，为冰冻圈科学发展储备青年人才。鼓励高水平专家给研究生和本科生授课，加强高校和科研院所研究生的多学科联合培养，促进交叉学科人才、跨学科人才的培养；利用野外监测平台和室内分析模拟平台，提高学生实际动手能力和开展创造性科研工作的能力，提升研究生的质量，培养冰冻圈科学青年复合型人才。提高冰冻圈科学普及的广度和深度，提高社会公众对冰冻圈科学的兴趣和意识，为增强我国培养冰冻圈科学研究后备力量夯实基础。

（4）加强国际合作，培养冰冻圈科学研究创新人才。通过不同渠道的国家留学计划，为冰冻圈科学青年人才提供国际合作交流的机会和稳定的经费支持。派遣有潜质的青年冰冻圈科学家到国际有影响力的研究团队进修，扩大冰冻圈科学青年人才的国际视野，培养一批年轻的优秀人才。通过参与和主导重大国际研究计划，与国际一流团队合作，培养、造就以我为主的国际研究团队，使其在冰冻圈科学重点领域占据前沿，引领国际冰冻圈科学发展；增强国际交流，鼓励学术带头人参与国际组织的活动，争取在国际学术组织任职等。

第三节　平台与监测能力建设

平台建设是冰冻圈科学研究发展的基础。冰冻圈研究平台主要包括野外观测试验平台、数据共享平台和实验分析平台。我国冰冻圈的野外监测台站覆盖青藏高原、中亚山区和东北地区，以及北极斯瓦尔巴岛和东南极地区，包括20余个固定台站。我国也建成了多个冰冻圈数据平台，如冰冻圈科学数据平台、中国特殊环境与灾害研究网络数据平台、寒区旱区科学数据中心、中国南北极数据中心等。实验分析平台主要依托各类国家和部委重点实验室。这些平台极大地促进了我国冰冻圈科学的发展，然而，要使冰冻圈科学的研究水平更上一个台阶，能够参与国际竞争，则需要扩大和加强极地冰冻圈监测、加强野外观测平台体系化和监测能力建设，提高我国冰冻圈科学数据的实效性和共享能力。具体措施包括以下四个方面。

（1）通过独立自主与合作的方式，逐步拓展我国现有冰冻圈监测网络，布局涵盖全球的冰冻圈监测平台，整合冰冻圈各要素的监测标准，实现冰冻圈关键区域的自动化监测。我国在南北极地区的固定监测台站严重偏少，特别是在北极海冰地面和遥感监测方面，制约了海-冰-气的研究，严重影响了我国在北极的“话语权”。通过国际合作和自主建设，亟须扩展极地冰冻圈的监测网络，计划建设“阿拉斯加北极合作研究中心”“西伯利亚北极合作研究中心”，依托研究中心建立涵盖冰冻圈关键要素（如冰川、多年冻土、积雪、海冰等）的北极综合监测网络。同时，在现有冰冻圈观测标准和规范的基础上，进一步优化冰冻圈各要素的监测标准，形成与国际接轨的监测体系。在环境恶劣、条件艰苦的台站实现自动监测和数据自动传输。

（2）建立平台资源共享机制，加强已有观测资料共享、现在研究仪器设备和研究基地共用。以往的研究已积累了大量的冰冻圈科学研究的各类样品和资料，但是大批的数据和资料被保存在各部门和各研究单位，现有的数据平台共享机制还不完善，只有相对有限的历史资料和最新数据共享（如我国冰川编目数据），不利于我国冰冻圈科学研究的快速发展与水平提升。整合现有数据资源，形成一个在国际上有影响力的冰冻圈科学信息中心，为冰冻圈科学研究和区域可持续发展提供高质量的数据和资料，是未来信息平台建设的关键。近年来，冰冻圈科学研究机构和基地，如中国科学院西北生态环境资源研究院（原寒区旱区环境与工程研究所）和青藏高原研究所、中国极地研究中心、兰州大学等，先后购置了大量野外监测和实验分析设备和仪器，充分、高效地利用已有研究设备、研究基地和数据平台，有力地推动了冰冻圈科学的发展。为此，建议加强我国冰冻圈科学领域各类平台的共享机制，整合现有数据资源，并力图将冰冻圈科学国家重点实验室建成在国际上有影响力的冰冻圈信息中心和共享基地。

（3）研制针对冰冻圈遥感监测的新型传感器，推动冰冻圈新型遥感卫星的应用，通过地-空-天综合监测手段，提高冰冻圈高时效、高时空分辨率监测的能力。目前，国际上涉及冰冻圈监测的卫星技术不尽完善。例如，适用于极区观测的卫星在山区复杂地形条件下有很大的局限性，无论是时间分辨率还是空间分辨率都较低（如 GRACE、ICESat），亟须发展适用于山地冰冻圈监测新型卫星。此外，针对制约冰冻圈监测瓶颈，通过方法和技术研发，实现冰冻圈相关参数的高精度快速提取。例如，研发高海拔复杂地形和气象条件下的无人机航测技术，改进无人机的动力和平衡系统，以提高抗风扰的稳定性；研制高精度小型化的传感器；提高无人机的载荷量。开展遥感资料，尤其是中国卫星资料（如高分卫星、风云卫星、资源卫星和环境卫星等）在冰冻圈复杂地形条件下反演方法的研究等。最终实现地面、航空和卫星多源观测融合的地-空-天一体化冰冻圈综合观测体系。

（4）积极推动冰冻圈科学国家实验室建设。我国冰冻圈科学的研究力量相对分散，除了中国科学院冰冻圈科学国家重点实验室具有较为完善的研究体系和研究方向外，其余科研院所和高校在冰冻圈科学领域的研究非常零散，学科体系不完善。在加强各类人才培养、强化平台建设的基础上，集中全国的科研力量，谋划冰冻圈科学国家实验室建设。国家实验室的建设，将整合我国冰冻圈的各类资源，有效地实施野外监测平台和数据资料的共享，实现学科交叉，进一步促进复合型人才培养，最终极大地提升我国冰冻圈科学的国际竞争力，为各类国家需求提供科技支撑。

第四节　资助机制和政策建议

最近 10 多年来，科学技术部和国家自然科学基金委员会给予了我国冰冻圈科学研究极大的支持。例如，科学技术部先后支持了 6 个涉及冰冻圈科学的“973”项目和若干基础性专项项目，国家自然科学基金委员会通过面上项目、重点项目、重大项目、国家自然科学基金项目、创新研究群体项目等给予了冰冻圈科学研究经费支持。未来，我国冰冻圈科学的发展还需要国家长期的和稳定的科研经费和政策支持。资助机制和政策建议包括以下四个方面。

（1）给予冰冻圈科学研究平台建设与维持的稳定经费支持，包括高新技术、卫星遥感、野外综合监测网络、实验室分析和模拟平台，提升冰冻圈科学为国家需求服务的能力，特别是生态文明建设和国家战略需求。进一步加强对重点实验室、定位试验观测台站的建设和完善，加强冰冻圈野外调查和基础数据的获取和多源数据产品研发的能力。冰冻圈科学的研究已进入以过程和效应为主的研究阶段，为清楚地了解作为气候系统的冰冻圈的演化过程，定位和半定位的长期综合观测是必不可少的手段。在以往的研究中，观测资料的缺乏使我们至今不能很好地解译冰冻圈变化过程，因此，系统设计冰冻圈观测网络系统势在必行。提高空间观测资料的获取、解译和分析能力是更好地开展冰冻圈科学研究的基础，因此，加强地-空-天观测体系和能力建设是关键，同时要完善观测网络的组织协商机制，保障平台运行的稳定经费支持。

（2）组织冰冻圈科学领域重大项目和重点项目，加大经费投入，开展组织方式多样化的研究。冰冻圈科学研究涉及的学科领域非常广，特别是我国极地冰冻圈区域迫切需要加大投入，组织方式可分为自选和制订重大研究计划。既要鼓励科学家自由选题，开展探索性研究；同时，更要根据国际科学发展的动态和我国的国家战略需求，通过国家相关的资助机构，依靠科学共同体进行相关研究计划的制订，加强系统设计，围绕总体目标开展研究。需要组织多学科和跨学科的冰冻圈系统综合研究计划，促进学科的交叉和融合，培养和发展综合性的人才队伍，在解决国家需求的同时培养新的学科增长点。建议未来 10 年优先资助的重大研究计划为“多圈层相互作用中的冰冻圈：影响、风险与恢复力”，主要研究方向包括：冰冻圈关键过程监测与数据融合、冰冻圈与多圈层相互作用机理、冰冻圈模式研发、冰冻圈变化影响的定量评估与适应对策、冰冻圈灾害风险与管控、冰冻圈变化与工程风险、冰冻圈服务功能价值评估、冰冻圈变化与国家安全。

近期围绕国家需求亟待资助的重点研究方向包括：北极冰冻圈变化对我国天气气候的影响、“一带一路”的冰冻圈资源、灾害与可持续发展、欧亚大陆冰冻圈区域重大工程建设、北极冰冻圈变化对航运和资源开发的影响、中国冰冻圈资源评估和可持续利用、冰冻圈遥感监测关键技术与方法。

（3）支持发展以我国为主的国际研究计划，建设冰冻圈科学研究“海外中心”。目前的国际合作与交流存在以下不足。一是参与和主导大型的国际研究计划不足。在冰冻圈科学领域的大型国际研究计划中，我国的研究机构和大学还是以个别科学家的参与为主，而且大多数国际合作还处于一般的互动交流的水平上，实质参与程度不深，我国科学家创意筹划的国际科学计划和项目，以及以我为主的国际科学计划很少。二是合作形式和模式还比较单一，缺少具有国际一流的联合实验室和研究中心。三是吸引国际一流科学家来我国开展研究的资源和能力有限。四是国际合作研究经费投入不足。在冰冻圈科学领域的国际合作中，长期存在着经费资助偏低的状况，使我国在与其他国家特别是发达国家的国际合作中处于跟随的地位。建议以“高端布局、发挥优势、集中支持、发展团队、一流影响”为目标，逐步建立我国冰冻圈科学领域的国际合作主导格局；依托我国已有的地域优势和学科优势，拓展新的领域，发起重大国际研究计划，引领学科发展前沿。利用 5～10 年时间，形成以我国为主的大型国际研究计划，形成一批国际合作研究团队和一批开展国际合作的一流科学家，重点关注冰冻圈变化与可持续发展，包括：“冰冻圈与未来地球”国际计划、“冰冻圈变化的全球与区域影响：风险与适应”国际计划。

建立冰冻圈科学研究海外中心实现双边与多边合作并重、发达国家合作与发展中国家合作并重、以我为主合作与以我为辅合作并重的合作目标。近期海外中心建设包括：① 国际北极研究中心：与阿拉斯加大学费尔班克斯分校合作建立，促进国际北极研究，帮助国际社会了解、筹划和适应气候变化对泛北极地区的影响，并为我国制定北极战略提供支持；② 国际寒区环境与工程研究中心：联合蒙古和俄罗斯建立，建设跨越青藏高原—中国东北—蒙古—西伯利亚—北极断面的联网观测和工程建设研究，为国家“一带一路”倡议服务。

（4）创新体制机制，加强冰冻圈科学领域的合作。瞄准冰冻圈科学的前沿领域，围绕国家重要需求，创新体制、机制，加强对全国相关的科技力量的整合，建设冰冻圈科学领域的创新体系。集中多种资源、组织专项计划，实施重大科技攻关，开展多学科、多部门的综合研究，力图对发展中国冰冻圈科学学科建设，对国家生态文明建设和社会经济发展有关键性作用，并在国际科学前沿能做出中国特殊贡献的重大科学问题和典型区域研究上获得突破，以带动整个冰冻圈科学的发展。加强中国冰冻圈科学学会的建设，承担部分政府职能，进一步团结和联合全国的力量，促进冰冻圈科学的可持续发展。

参 考 文 献

程国栋，何平 . 2001. 多年冻土地区线性工程建设 . 冰川冻土，23（3）：213-217.

程国栋，赵林 . 2000. 青藏高原开发中的冻土问题 . 第四纪研究，20（6）：521-531.

程国栋，吴青柏，马巍 . 2009. 青藏铁路主动冷却路基的工程效果 . 中国科学 E 辑（技术科学），39（1）：16-22.

丁永建 . 2009. 中国冰冻圈变化影响研究 50 年 // 中科院寒旱所组 . 中国寒区旱区环境与工程科学研究 50 年 . 北京：科学出版社：90-103.

丁永建，潘家华 . 2005. 气候与环境变化对生态和社会经济影响的利弊分析 // 秦大河，陈宜瑜，李学勇 . 中国气候与环境演变 . 下卷 . 北京：科学出版社 .

丁永建，效存德 . 2013. 冰冻圈变化及其影响研究的主要科学问题概论 . 地球科学进展，28（10）：1067-1076.

丁永建，张世强 . 2015. 冰冻圈水循环在全球尺度的水文效应 . 科学通报，60：593-602.

国家自然科学基金委员会，中国科学院 . 2015a. 未来 10 年中国学科发展战略：地球科学 . 北京：科学出版社 .

国家自然科学基金委员会，中国科学院 . 2015b. 未来 10 年中国学科发展战略：资源与环境科学 . 北京：科学出版社 .

胡平，伍修锟，李师翁，等 . 2012. 近 10a 来冻土微生物生态学研究进展 . 冰川冻土，34（3）：732-737.

康世昌，孙俊英，张廷军，等 . 2017. 冰冻圈的化学特征 // 秦大河 . 冰冻圈科学概论 . 北京：科学出版社 .

李忠勤 . 2011. 天山乌鲁木齐河源 1 号冰川近期研究与应用 . 北京：气象出版社 .

刘时银，张勇，刘巧，等 . 2017. 气候变化对冰川影响与风险研究 . 北京：科学出版社 .

刘先勤，王宁练，姚檀栋，等，2006. 青藏高原雪冰中碳质气溶胶含量变化. 地学前缘，13（5）：335-341.

马巍，程国栋，吴青柏 . 2002. 多年冻土地区主动冷却地基方法的研究，冰川冻土，24(5)：579-587.

牛富俊，程国栋，赖远明，等 . 2004. 青藏高原多年冻土地区热融滑塌型斜坡失稳研究 . 岩土工程学报，26（3）：402-406.

牛富俊，张鲁新，俞祁浩，等 . 2002. 青藏高原多年冻土斜坡类型及典型斜坡稳定性研究 . 冰川冻土，25（5）：608-613.

秦大河 . 2002. 中国西部环境演变评估综合报告 • 综合卷 . 北京：科学出版社 .

秦大河 . 2014. 气候变化科学与人类可持续发展 . 地理科学进展，33（7）：874-882.

秦大河，丁永建 . 2009. 冰冻圈变化及影响研究——现状、趋势及关键问题 . 气候变化进展，5（4）：187-195.
秦大河，效存德，丁永建，等 . 2006. 国际冰冻圈研究动态和我国冰冻圈研究的现状与展望 . 应用气象学报，17（6）：649-656.
秦大河，姚檀栋，丁永建，等 . 2017. 冰冻圈科学概论 . 北京：科学出版社 .
秦先燕，黄涛，孙立广 . 2013. 南极海-陆界面营养物质流动和磷循环 . 生态学杂志，32（1）：195-203.
任贾文，吴青柏，李志军，等 . 2017. 冰冻圈的物理特征 // 秦大河 . 冰冻圈科学概论 . 北京：科学出版社 .
沈永平，王国亚，苏宏超，等 . 2007. 新疆阿尔泰山区克兰河上游水文过程对气候变暖的响应 . 冰川冻土，29（6）：845-854.
施雅风 . 2005. 简明中国冰川编目 . 上海：上海科学普及出版社 .
施雅风，赵井东，王杰 . 2011. 中国第四纪冰川新论 . 上海：上海科学普及出版社 .
宋燕，张菁，李智才，等 . 2011. 青藏高原冬季积雪年代际变化及对中国夏季降水的影响. 高原气象，30：843-851.
王根绪，张寅生 . 2016. 寒区生态水文学理论与实践 . 北京：科学出版社 .
王根绪，姚进忠，郭正刚，等 . 2004. 人类工程活动影响下冻土生态系统的变化及其对铁路建设的启示 . 科学通报，49（16）：1556-1564.
王青霞，吕世华，鲍艳 . 2014. 青藏高原不同时间尺度植被变化特征及其与气候因子的关系分析. 高原气象，33（2）：301-312.
王欣，刘时银，丁永建 . 2015. 我国喜马拉雅山冰碛湖溃决灾害评价方法与应用研究 . 北京：科学出版社 .
吴青柏，牛富俊 . 2013. 青藏高原多年冻土变化与工程稳定性 . 科学通报，58（2）：115-130.
效存德，王世金，秦大河 . 2016. 冰冻圈服务功能及其价值评估初探 . 气候变化研究进展，12（1）：45-52.
徐国宾，李大冉，黄焱，等 . 2010. 南水北调中线输水工程若干冰力学问题试验研究 . 水科学进展，21（6）：808-811.
杨建平，张廷军 . 2010. 我国冰冻圈及其变化的脆弱性与评估方法 . 冰川冻土，32（6）：1084-1096.
杨建平，丁永建，方一平，等 . 2015. 冰冻圈及其变化的脆弱性与适应研究体系 . 地球科学进展，30（5）：517-529.
杨志荣 . 2015. 北极航道全年开通后世界地缘战略格局的变化研究 . 国防科技，36（2）：7-11.
姚檀栋，王宁练，田立德，等 . 2017. 冰冻圈气候环境记录 // 秦大河 . 冰冻圈科学概论 . 北京：科学出版社 .
俞祁浩，樊凯，钱进，等 . 2014. 我国多年冻土高速公路修筑关键问题研究 . 中国科学，44（4）：425-432.

岳前进 . 1995. 我国冰工程问题研究现状与展望 . 冰川冻土，17（增）：15-19.

赵林，丁永建，刘广岳，等 . 2010. 青藏高原多年冻土层中地下冰储量估算及评价 . 冰川冻土，32（1）：1-9.

Aagaard K, Carmack E C. 1989. The role of sea ice and other fresh waters in the Arctic circulation. J. Geophys Res., 94: 14 485-14 498.

ACIA. 2005. Arctic Climate Impact Assessment. Cambridge: Cambridge University Press.

Alvarez-Cobelas M, Angeler D G, Sánchez-Carrillo, et al. 2012. A worldwide view of organic carbon export from catchments. Biogeochemistry, 107(1-3): 275-293.

AMAP. 2011. Snow, Water, Ice and Permafrost in the Arctic (SWIPA): Climate Change and the Cryosphere. Arctic Monitoring and Assessment Programme (AMAP), Oslo, Norway: 538 .

Arrigo K R, van Dijken G, Pabi S. 2008. Impact of a shrinking Arctic ice cover on marine primary production. Geophysical Research Letters, 35:116-122.

Augustin L, Barbante C, Barnes P R, et al. 2004. Eight glacial cycles from an Antarctic ice core. Nature, 429: 623-628.

Benn D I, Bolch T, Hands K, et al. 2012. Response of debris-covered glaciers in the Mount Everest region to recent warming, and implications for outburst flood hazards. Earth-Science Reviews, 114 (1-2): 156-174.

Benn D I, Evans D J A. 2010. Glacier and Glaciation. 2nd ed. London: Hodder Education.

Bockheim J G. 2007. Importance of cryoturbation in redistributing organic carbon in permafrost-affected soils. Soil Science Society of America Journal, 71:1335-1342.

Burgess M M, Smith S L, 2003. 17 years of thaw penetration and surface settlement observations in permafrost terrain along the Norman Wells pipeline, Northwest Territories, Canada//Phillips M, Springman S M, Arenson L U. Permafrost: Proceedings of the 8th International Conference on Permafrost: 107-112.

Callaghan T V, Johansson M, Brown R D, et al. 2011. Multiple effects of changes in Arctic snow cover. AMBIO, 40: 32-45.

Callaghan T V, Johansson M, Key J, et al. Feedbacks and interactions: From the Arctic cryosphere to the climate system. AMBID, 40(1): 75-86.

Carey M, McDowell G, Huggel C, et al. 2015. Integrated approaches to adaptation and disaster risk reduction in dynamic socio-cryospheric systems//Haeberli W, Whiteman C, Shroder J F, Jr. Snow and Ice-Related Hazards, Risks and Disasters. Academic Press: 219-261.

Chen J L, Wilson C R, Blankenship D, et al. 2009. Accelerated Antarctic ice loss from satellite gravity measurements. Nature Geoscience, 2:859-862.

Church J A, White N J, Domingues C M, et al. 2013. Sea-level and ocean heat-content change// Gerold S, Stephen M, Griffies J G, et al. International Geophysics. New York: Academic Press,

Elsevier: 697-725.

Colbeck S. 1987. Fifty years of progress in snow. Journal of Glaciology, Special Issue: 52-59.

Comiso J, 2010. Polar Oceans from Space, Atmospheric and Oceanographic Sciences Library 41, 19.United States Government as represented by the Administrator of the National Aeronautics and Space Administration.DOI 10.1007/978-0-387-68300-3_2.

Cooper L W, McClelland J W, Holmes R M, et al. 2008. Flow-weighted values of runoff tracers (d18O, DOC, Ba, alkalinity) from the six largest Arctic rivers. Geophysical Research Letters 35: L18606.doi:10.1029/2008GL035007.

Cuffey K M, Paterson W S B. 2010. The Physics of Glaciers. 4th ed. Amsterdam: Elsevier.

Dansgaard W, Johnsen S J, Clausen H B, et al. 1993. Evidence for general instability of past climate from a 250-kyr ice-core record. Nature, 364: 218-220.

DeConto R M, Pollard D. 2016. Contribution of Antarctica to past and future sea-level rise. Nature, 531(7596): 591-597.

Ehlers J, Gibbard P L, Hughes P D, 2011. Quaternary Glaciations—Extent and Chronology, Volume 15: A Closer Look. Amsterdam: Elsevier: 1-1108.

Elberling B, Christiansen H H, Hansen B U. 2010. High nitrous oxide production from thawing permafrost. Nature Geoscience, 3: 332-335.

Epstein H E, Myers-Smith I, Walker D A. 2013. Recent dynamics of arctic and sub-arctic vegetation. Environ. Res. Lett, 8: 015040.

Fang Y P, Qin D H, Ding Y J. 2011.Frozen soil change and adaptation of animal husbandry: a case of the source regions of Yangtze and Yellow Rivers. Environmental Science & Policy, 14(5): 555-568.

Fang Y P, Zhao C, Ding Y J, et al. 2016. Impacts of snow disaster on meat production and adaptation: an empirical analysis in the yellow river source region. Sustainability Science, 11: 246-260.

French H M. 1983. Terrain and environmental problems associated with exploratory drilling, Northern Canada, Proceedings of 4th International Conference on Permafrost, Fairbanks, Alaska: 129-132.

French H, Slaymaker O. 2012. Changing Cold Environments: A Canadian Perspective. Wiley-Blackwell.

Füssel H M. 2007. Vulnerability: a generally applicable conceptual framework for climate change research. Global Environmental Change, 17 (2):155-167.

Gao X, Ye B S, Zhang S Q, et al. 2010. Glacier melt water change and impact on Tarim River during 1961-2000. Science in China Series D: Earth Science, 53(6): 880-891.

Glen J W. 1987. Fifty years of progress in ice physics. Journal of Glaciology, Special Issue: 52-59.

Gordon A L, Comiso J C. 1988. Polynyas in the Southern Ocean. Scientific American,256,90-97.

Hall J A, Gill S, Obeysekera J, et al. 2016. Regional sea level scenarios for coastal risk management: managing the uncertainty of future sea level change and extreme water levels for Department of Defense coastal sites worldwide. Washington: U.S. Department of Defense, Strategic Environmental Research and Development Program.

Harbor J. 2013. Glacial erosion processes and rates//Shroder J, Giardino R, Harbor J. Treatise on Geomorphology. San Diego: Academic Press, vol. 8, Glacial and Periglacial Geomorphology : 74-82.

Hinkel J, Jaeger C, Nicholls R J, et al. 2015. Sea-level rise scenarios and coastal risk management. Nature Climate Change, 5(3): 188-190.

Hugh F, Olav S. 2012. Changing Cold Environments: A Canadian Perspective. 2012.New Jersey:Wiley-Blackwell.

Hugh F, Olav S. 2012. Changing Cold Environments: A Canadian Perspective. 2012.New Jersey:Wiley-Blackwell.

IWC, 2010. Report of the International Whaling Commission workshop on cetaceans and climate change. Journal of Cetacean Research and Management, 11:451-480.

IPCC. 2013. Summary for Policymakers//Stocker T F, Qin D, Plattner G-K, et al. Climate Change 2013: The Physical Science Basis. Contribution of Working Group I to the Fifth Assessment Report of the Intergovernmental Panel on Climate Change. Cambridge, New York: Cambridge University Press.

IPCC. 2014. Summary for policymakers//Field C B, Barros V R, Dokken K J. Climate Change 2014: Impacts, Adaptation, and Vulnerability. Part A: Global and Sectoral Aspects. Contribution of Working Group Ⅱ to the Fifth Assessment Report of the Intergovernmental Panel on Climate Change.Cambridge, New York: Cambridge University Press: 1-32.

Ivanova E V. 2009. The Global Thermohaline Paleocirculation, DOI 10.1007/978-90-481-2415-2_1, Springer Science+ Business Media B.V.

Jones E P, Anderson L G, Jutterström S, et al. 2008. Pacific freshwater, river water and sea ice meltwater across Arctic Ocean basins: Results from the 2005 Beringia Expedition. Journal of Geophysical Research, 113(C8).

Jost G, Moore R D, Weiler M, et al. 2009. Use of distributed snow measurements to test and improve a snowmelt model for predicting the effect of forest clear-cutting. Journal of Hydrology, 376: 94-106.

Joughin I, Tulaczyk S, Bamber J L, et al.2009.Basal conditions for Pine Island and Thwaites Glaciers determined using satellite and airborne data. Journal of Glaciology, 55(190):245-257.

Kalyuzhnyi I L, Lavrov S A. 2012.Basic physical processes and regularities of winter and spring river runoff formation under climate warming conditions. Russian Meteorology and Hydrology, 37(1): 47-56.

Kanevskiy M, Shur Y, Strauss J, et al. 2016. Patterns and rates of riverbank erosion involving ice-rich permafrost (yedoma) in northern Alaska. Geomorphology, 253: 370-384.

Khadka D, Babel M S, Shrestha S, et al. 2014. Climate change impact on glacier and snow melt and runoff in Tamakoshi basin in the Hindu Kush Himalayan (HKH) region. Journal of Hydrology, 511: 49-60.

Kottmeier C,Engelbart D. 1992. Generation and atmospheric heat exchange of coastal polynyas in the weddell sea. Bozzndary-Layer Meteorology, 60: 207-234.

Larsen K S , Ibrom A, Jonasson S,et al. 2007. Significance of cold-season respiration and photosynthesis in a subarctic heath ecosystem in Northern Sweden. Global Change Biology, 13:1498-1508.

Lehner F, Raible C C, Hofer D, et al. 2012. The freshwater balance of polar regions in transient simulations from 1500 to 2100 AD using a comprehensive coupled climate model. ClimDyn, 39: 347-363.

Liu S Y, Zhang Y, Zhang Y S, et al. 2009. Estimation of glacier runoff and future trends in the Yangtze River source region. Journal of Glaciology, 55 (190).

MacDougall A H, Avis C A, Weaver A J.2012. Significant contribution to climate warming from the permafrost carbon feedback, Nature Geosciences, 7, 719-721.

Marshall S J. 2012. The Cryosphere. Princeton University Press.

Martin E, Etchevers P. 2005.Impact of Climate Changes on Snow Cover and Snow Hydrology in the French Alps//Huber U M et al. Global Change and fountain Regions. Springer: 235-242.

Masson-Delmotte V, Schulz M, Abe-Ouchi A, et al. 2013. Information from Paleoclimate Archives//Stocker T F, Qin D, Plattner G-K, et al. Climate Change 2013: The Physical Science Basis. Contribution of Working Group I to the Fifth Assessment Report of the Intergovernmental Panel on Climate Change. Cambridge, United Kingdom, New York: Cambridge University Press.

NEEM community members. 2013. Eemian interglacial reconstructed from a Greenland folded ice core. Nature, 493: 489-494.

Overeem I, Anderson R S, Wobus C W, et al. 2011.Sea ice loss enhances wave action at the Arctic coast. Geophysical Research Letters, 38: 752-767.

Peng C H, Ouyang H, Gao Q, et al. 2007. Building a "green" railway in China. Science, 316: 546-547.

Prowse T D, Flegg P O. 2000. The magnitude of river flow to the Arctic Ocean: Dependence on contributing area. Hydrological Processes, 14:3185-3188.

Power M, Reist J D, Dempson J B. 2008. Fish in high-latitude lakes// Warwick F V, Johanna L P.(eds.) .Polar lakes and rivers—Limnology of Arctic and Antarctic aquatic ecosystems. Oxford: Oxford University Press.

Radic V, Hock R.2014.Glaciers in the Earth' s hydrological cycle: assessments of glacier mass and runoff changes on global and regional scales. Surveys in Geophysics Journal, 35:813-837.

Romero-Lankao P, Smith J B, Davidson D J. 2014. 2014:North America// Barros V R, Field C B, Dokken D J, etal.(Eds.). Climate Change 2014:Impacts, Adaptation, an Vulnerability. Part B:Regional Aspects. Contribution of Working Group Ⅱ to the Fifth Assessment Report of the Intergovernmental Panel on Climate Change. Cambridge, New York: Cambridge University Press:1439-1498.

Shur Y L, Jorgenson M T. 2007. Patterns of permafrost formation and degradation in relation to climate and ecosystems. Permafrost Periglac. Process. 18 (1), 7–19.

Schuur E A G, Vogel J G, Crummer K G, et al., 2009. The effect of permafrost thaw on old carbon release and net carbon exchange from tundra. Nature, 459:556-559

Semiletov I P , Pipko I I, Shakhova N E, et al., 2011. On the biogeochemical signature of the Lena River from its headwaters to the Arctic Ocean.Biogeosciences Discussions, 8:2093-2143.

Serreze M C, Holland M M, Stroeve J. 2007. Perspectives on the Arctic' s shrinking sea-ice cover. Science 315: 1533–1536.

Smith S L, Riseborough D W, 2010.Modelling the thermal response of permafrost terrain to right-of-way disturbance and climate warming. Cold Regions Science and Technology, 60:92-103.

Slaymaker O, Kelly R. 2007. The Cryosphere and Global Environmental Change. Malden: Blackwell Publishing.

Song C L, Wang G X, Sun X Y, et al. 2016. Control factors and scale analysis of annual river water, sediments and carbon transport in China. Scientific Reports, 6: 25963.

Steven B, Pollard W H, Greer W, et al. 2008. Microbial diversity and activity through a permafrost ground ice core profile from the Canadian high Arctic. Environmental Microbiology, 10(12): 3388-3403.

Stocker T F, Qin D, Plattner G-K, et al. 2013. Technical summary//Stocker T F, Qin D, Plattner G-K, et al. Climate Change 2013: The Physical Science Basis. Contribution of Working Group I to the Fifth Assessment Report of the Intergovernmental Panel on Climate Change. Cambridge New York: Cambridge University Press.

Sweet W V, Kopp R E, Weaver C P, et al. 2017. Global and regional sea level rise scenarios for the United States.

Tarnocai C, Canadell J G, Schuur E A G,et al. 2009. Soil organic carbon pools in the northern circumpolar permafrost region. Global Biogeochemical Cycles, 23:GB2023.

Terry V C, Margareta J, Jeff K, et al. Feedbacks and Interactions: From the Arctic Cryosphere to the Climate System. AMBIO (2011) 40:75–86. DOI 10.1007/s13280-011-0215-8

UNDP.2006. Human development report 2006.New York: UNDP.

Vaughan D G, Comiso J C, Allison I, et al. 2013. Observations: cryosphere//Stocker T F, Qin D, Plattner G-K. Climate Change 2013: The Physical Science Basis. Contribution of Working Group I to the Fifth Assessment Report of the Intergovernmental Panel on Climate Change. Cambridge, New York: Cambridge University Press.

Vincent W F, Callaghan T V, Dahl-Jensen D, et al. 2011. Ecological implications of changes in the Arctic cryosphere. AMBIO, 40: 87-99.

Vicuña S, Garreaud R D, et al. 2011. Climate change impacts on the hydrology of a snowmelt driven basin in semiarid Chile. Climatic Change, 105: 469-488.

Vogel J, Schuur E A G , Trucco C. 2009. Response of CO_2 exchange in a tussock tundra ecosystem to permafrost thaw and thermokarst development. Journal of Geophysical Research-Biogeosciences, 114: G04018.

Wang G X, Bai W, Li N, et al. 2011. Climate changes and its impact on tundra ecosystem in Qinghai-Tibet Plateau, China. Climate Change, 106: 463-482.

Wang S J, Qin D H, Xiao C D. 2015. Moraine-dammed lake distribution and outburst flood risk in the Chinese Himalaya. Journal of Glaciology, 61(225): 115-126.

Wang S, Duan J, Xu G, et al. 2012. Effects of warming and grazing on soil Nitrogen(N) availability, species composition, and ANPP in an alpine meadow. Ecology, 93: 2365-2376.

World Bank.2005. World Development Indicators 2003. Washington. CD-ROM.

Wong P P, Losada I J, Gattuso J P, et al. 2014. Coastal systems and low-lying areas. Climate Change: 361-409.

Wu B, Handorf D, Dethloff K, et al. 2013. Winter weather patterns over northern Eurasia and Arctic sea ice loss. Monthly Weather Review, 141: 3786-3800.

Wu P, Wood R, Stott P.2005. Human influence on increasing Arctic river discharge. Geophysical Research Letters, 32(2):177-202.

Wu Q B, Cheng G D, Ma W. 2006. The impact of climate warming on permafrost and Qinghai-Tibet railway. Engineering Sciences, 4(2): 92-97.

Wu Q, Hu H, Zhang L. 2011. Observed influences of autumn-early winter Eurasian snow cover anomalies on the hemispheric PNA-like variability in winter. Journal of Climate, 24(7): 2017-2023.

Xu X, Guo J, Koike T, et al. 2012. “Downstream effect” of winter snow cover over the eastern Tibetan Plateau on climate anomalies in East Asia. Journal of the Meteorological Society of

Japan, 90C: 113-130.

Yang Y, Wang G X, Shen H H, et al. 2014. Dynamics of carbon and nitrogen accumulation and C:N stoichiometry ina deciduous broadleaf forest of deglaciated terrain in the eastern Tibetan Plateau. Forest Ecology and Management, 312: 10-18.

Ye B S, Ding Y J, Liu F J, et al. 2003. Responses of various sized alpine glaciers and runoff to climate change. J. Glaciol, 49(164): 1-7.

Ye B S, Yang D Q, Zhang Z L,et al. 2009. Variation of Hydrological Regime with Permafrost Coverage over Lena Basin in Siberia Journal of Geophysical Research Atmospheres,114(D7).

Yi S, Chen J, Wu Q, et al. 2013. Simulating the role of gravel on the dynamics of active layer and permafrost on the Qinghai-Tibetan Plateau. The Cryosphere Discussion, 7(5):4703-2013.

Yi S, McGuire A D, Kasischke E, et al. 2010. A Dynamic organic soil biogeochemical model for simulating the effects of wildfire on soil environmental conditions and carbon dynamics of black spruce forests. J. Geophys. Res., 115: 389-400.

Zhang T, Wang G X, Yan Y, et al. 2015. Non-growing season soil CO_2 flux and its contribution to annual soil CO_2 emissions in two typical grasslands in the permafrost region of the Qinghai-Tibet Plateau. European Journal of Soil Biology, 71: 1-8.

Zhang W, Liu C Y, Zheng X H, et al. 2014. The increasing distribution area of zokor mounds weaken greenhouse gas uptakes by alpine meadows in the Qinghai-Tibetan Plateau. Soil Biology & Biochemistry, 71:105-112.

关键词索引

B

D

J